日本陸軍の機甲部隊 1

鋼鉄の最精鋭部隊

千葉戦車学校・騎兵学校

【全撮影】菊池俊吉
【写真解説】北川誠司

大日本絵画 *Dainippon Kaiga*

日本陸軍の機甲部隊

1

鋼鉄の最精鋭部隊

千葉戦車学校・騎兵学校

全撮影

菊池俊吉

写真解説

北川誠司

大日本絵画

dainippon kaiga

目次

オリジナル・プリントで見る九七式中戦車

表紙を含めた以下4点の写真は、
いずれも撮影者本人あるいはその生前より信頼篤い方の手によって
プリントされた六つ切り（約 18cm × 25cm）サイズのオリジナルである。
大切に保管されてきたため劣化もなく、まるで昨日撮ったかのような
鮮明な画像が撮影当時の状況を伝えている。

千葉戦車学校の九七式中戦車

訓練地のなだらかな勾配を力強く駆け登る九七式。履帯の上面は一直線に張り詰めており、その正面がブレ気味に写っていることと併せ、速度も感じさせる写真だ。

Negative number E487

け
104

九七式中戦車の初期生産型
均整のとれた美しい姿を鮮明にとらえている素晴らしい一葉。戦車学校で完全に整備されている状態であり、資料価値も高い。

Negative number E503

121
109
104

千葉戦車学校の戦車群

昭和 16 年の秋、千葉戦車学校で撮影された戦車群。九七式中戦車、九五式軽戦車、指揮戦車など画角内だけで 60 両近い戦車が写り込んでいる。

Negative number E476

306
109
121
100
110
き
せ

機関を一斉始動する戦車中隊

一斉にエンジンを始動し排気を噴き上げた戦車達。これだけ密集していると、わずか数台横の車両さえ排気煙で見えにくくなることがよくわかる。

Negative number E486

戦時中の対外宣伝誌『FRONT』と撮影者・菊池俊吉

北川誠司

この写真集に掲載された写真は、カメラマンの菊池俊吉氏(1916～1990)が東方社に在籍した期間(1941～1945)に撮影したものである。

これらは、同社が戦時中に出版していた大型の対外宣伝誌『フロント FRONT』の掲載用に撮影されたものがほとんどであったと考えられる。

この東方社に所属したカメラマンたちが当時秘密扱いにされることの多かった各種の兵器の写真を大量に撮ることが可能であった理由は、この会社が“準国策会社”とでも言える極めて特殊な組織であったためである。まずはその設立に到るまでを少したどってみよう。

昭和の写真の先駆者たち

昭和の初め、写真技術・芸術を熱心に研究していた人々が少数ながら存在していた。彼らの中には当時まだ稀であった欧州留学などの幸運にも恵まれた者や、研究中の新興芸術を世に問う媒体を仲間と共に出版する活動を続けている者もいた。このような人々としては岡田桑三、名取洋之助、原弘、木村伊兵衛らの名が挙げられるようである。

日本陸軍とソ連

昭和5(1930)年、ソヴィエト連邦が“ソ連邦建設 USSR in construction”というA3判サイズという大型の国家宣伝誌を発行しはじめた。このプロパガンダ・グラフ誌は写真による表現に情熱を持っていた人々の目にもとまり、研究の対象となっていた。

翌、昭和6年には日本陸軍は満州事変を画策し、さらにその翌年の満州の建国を誘導することになり、膨張と暴走を続ける中で隣接する仮想敵国としてのソ連を強く意識する事になる。

昭和11(1936)年8月には陸軍参謀本部第二部(情報担当)の中に第五課が欧米課ソ連担当班から昇格し、翌年には宣伝担当の第八課も新設された。

そして張鼓峰事件(昭和13年)やノモンハン事件(同14年)で、ソ連軍の実力と自軍の劣勢を痛感し、その対策を迫られた。

一朝一夕には軍備の差は縮まらぬ上に大陸での戦闘も継続中であった。加えて南方進出が陸軍の目先の大命題にならんとする中、ソ連軍の侵出も抑えたい。またノモンハン戦での苦戦は諸外国にも漏れ伝わっており、その威信回復のためにも“ソ連邦建設”をしのぐような国家的宣伝誌を作らねばならない。

陸軍参謀本部の主導で

このような課題を抱え、陸軍参謀本部第五課長、山岡道武大佐が宣伝雑誌の創刊について、“ソ連邦建設”の研究を続けていた岡田桑三に打診をしたのは昭和14(1939)年のことであったらしい。

当時は大陸での戦争が長期化する中、あらゆる物資が統制されており、名目だけでも戦争協力を標榜しない限り資材の配給はなされなかった。また人員も戦場や工場に続々と動員されていた。写真家たちにとってのこのような逆風をしのぎ、また順風に表現活動を続けるためには軍への協力は不可欠であった。そして軍と写真家たちの利益の共通する表現対象の一分野が兵器、すなわち戦車や軍艦や軍用機だった。

岡田は友人の原弘をアートディレクターとして、多川精一、小川寅次らのグラフィックデザイナー、親友の木村伊兵衛、渡辺義雄らのカメラマンを集め、組織作りに奔走した。参集した人材はいずれも当時の日本を代表し、戦後も写真や映像、出版、グラフィックデザインなどの各分野をリードすることになる人々だった。ただし、陸軍、ましてや参謀本部からの肝煎りではあったが軍の予算は付かず、軍需産業で潤っていた三大財閥からの寄付によって東方社を立ち上げた。

すでに報道写真家として活動していた菊池俊吉が木村伊兵衛を写真部の責任者として戴く東方社に加わったのは昭和16(1941)年のことだった。

一流の資材を揃えて

当初は『東亜建設』という名称で36ページの月刊写真誌を発行する予定で、露、中、英、タイ、仏語など計15カ国語に翻訳したものをそれぞれ別に作成する事とされた。

最新型のライカやローライフレックスのカメラを各5台購入するなど、当時入手可能な最高の機材が集められた。そして“ソ連邦建設”に対抗するべく、それと同寸法のA3判の巨大な誌面を作ることを決めた。

また既に述べたように配給統制の下にあったが、「日本の資源はまだ充分ある」ということを紙質や重量で誇示するために、印刷予定の紙も陸軍参謀本部第八課の矢部忠太中佐が大手製紙メーカーに出向き、特抄きによる上質紙を作らせた。また印刷に関しても高い精度を要求し、当時最新鋭のドイツ製輪転印刷機を持っていた大手印刷会社に担当させることになった。

そして発刊する雑誌の名称は『FRONT』と変更され、撮影は昭和16(1941)年7月を皮切りに、その年の秋にかけて江田島海軍兵学校、木更津航空隊、横須賀海兵団、陸軍工兵隊の各部隊や海軍の豊後水道での演習などで次々に行なわれた。この写真集にある千葉陸軍戦車学校での撮影は同年の秋に行なわれ、写真担当の部員、総勢十数名が大挙して取材したという。

少ない戦車の写真

しかしながら、その千葉戦車学校で数多く写された物を含め、この写真集で紹介した戦車に関連する写真だけでも数百枚はあるが、『FRONT』に使用されたとはっきり判るものは結局ほんの数枚しかない。これは何故だろうか?

『FRONT』は特別号を含め、合計10冊が発刊(最終巻の第10号は空襲により製本前に焼失、刊行されなかったといわれる）された。全体のレイアウトや写真そのもののクォリティは言うまでもなく、文字の種類や配置（タイポグラフィ）にも気を配り、写真のエアブラシ加工やフォトコラージュ（モンタージュ）の技法を凝らすなど、毎回完璧主義の編集作業がなされたため、それぞれの号は撮影開始から完成・発刊まで約半年から1年近くかかったと言われる。

その多くは撮影前にコンテ（説明文の位置などを含む）が準備されており、カメラマンはその構図のとおりに撮影することを指示される場合が多かった。逆に言えばコンテで決められた以外の絵図柄は、現場のカメラマンが如何に苦労し、工夫を凝らして撮影しても、採用される確率はかなり低かったことが想像され、当初から戦車の写真の“割り当て枠”は少なかったことが考えられる。

また、『FRONT』は情報を多く伝える写真誌ではなく、むしろ少ない枚数を効果的に大きく引き伸ばして強く視覚に訴えている物が多い。そして構図的に優れている物が多いのは、カメラマンの技量もさることながら、当時の新進気鋭の写真芸術家たちの手によって企画段階で練りに練ったコンテが基礎に埋め込まれているからでもある。

『FRONT』の効果

当初の数号で十数万部が発行された以降は部数の記録がなく、結局どれだけの数が発行され海外へ渡ったかは不明である。また、たとえその部数が詳細に判明しても、日本の“国力”を世界各国に宣伝するという目論見が達成されたのか、その効果はどのようなものであったか、今となっては検証することは不可能であろう。

『FRONT』をもって牽制すべしであったソ連とは、戦時中も中立条約が締結されていたので、ある程度の部数が渡ったことが想像されている。『FRONT』の復刻版を本稿の筆者が見た範囲では、新砲塔（47ミリ砲）九七式中戦車の製造工場の写真があるのが、当時の日本戦車についてのせいぜいの“最新情報”であり、その他の写真はいずれも旧来のチハ車、九五式軽戦車などで、結局見せても隠してもノモンハン事件当時の装備と大差が無かった。

当のソ連はT-34型戦車を既に開発しており、『FRONT』が配布された頃にはその改良型も登場し、依然、日本軍戦車は敵ではない事は明白に意識していたはずである。つまり“日本と、今もし大陸で戦わばどうなるか”という判断材料の一部をソ連はこの一連の冊子からも労せず得ていた可能性がある。

その一方で、昭和20（1945）年の春の対独戦の勝利まで西方戦線に注力せざるを得なかったソ連ではあるが、条約があったとはいえ全力を注がずとも勝てたはずの日本と、終戦寸前まで戦う事を躊躇したのは一体何故なのか？

あくまで想像ではあるが、陸戦兵器は別として、連合軍側兵器と並び立つ以上の性能を持っていた日本海軍の艦船や航空機類が乱舞する『FRONT』の内容はソ連を含め他国に衝撃を全く与えなかったとも考え難い。

例えば開戦当時モスクワにおり、ソ連駐在日本大使であった建川美次中将（その後、東方社の総裁に就任したこともあった）が昭和17（1942）年3月の離任の挨拶のためモロトフ外相を訪問した際、外相の机の上に意図的であるかのように『FRONT』が置かれていたという暗示的なエピソードがある。

友軍の軍艦や戦闘機とともに『FRONT』に載った日本陸軍の戦車群は、このように間違いなくモスクワまで攻め入っていた。そして歴史に残らぬ情報戦で相手を撹乱し、牽制したに相違ないのである。

（文中敬称一部略）

菊池俊吉（きくち・しゅんきち）

大正5（1916）年5月、岩手県花巻市生まれ。昭和13（1938）年東京光芸社写真部に入社、報道写真家への道へ。昭和16（1941）年、東方社・写真部へ入社、翌年2月に創刊された『FRONT』の写真スタッフとして参加する。昭和20（1945）年、旧文部省の原爆災害調査団の記録映画班に同行して被爆後の広島を撮影。翌年、木村伊兵衛らと文化社を設立。焼け野原の東京を写した『東京1945年・秋』を出版。科学雑誌『自然』創刊から関わり、科学分野の写真に携わる。昭和26（1951）年以降、『世界』『中央公論』『婦人公論』などに写真を発表。昭和61（1986）年、歴史的資料となる『銀座と戦争』『昭和の歴史』などの写真集に作品が掲載。平成2（1990）年11月、急性白血病により死去。享年74。

写真は戦時中のポートレートで、添え書きには「昭和19年9～10月、中国チベット　蒙古の人々　後ろパオ　左カメラマン」とある。

やってることは、我々となにも変わらない。

――不肖・宮嶋、菊池俊吉の写真を語る

世界中のキナ臭い地に潜入しては撮影を敢行し、
自衛隊の取材経験も豊富な報道カメラマン宮嶋茂樹。
その目線は菊池俊吉の写真のどこを捉え、どう感じたのだろうか。
そして意外な『FRONT』関係者との接点とは。

第7師団創設記念行事で第73戦車連隊の90式戦車に座る"不肖・宮嶋"。このときは部隊保有の90式がほぼ全車参列したという。（写真提供／宮嶋茂樹）

■『FRONT』とカメラマン

対外宣伝誌って『FRONT』のほかにもありましたよね。『NIPPON』でしたか、名取洋之助が出版したのは。『FRONT』に参加したカメラマンは、木村伊兵衛、渡辺義雄、風野晴男、渡辺勉、濱谷 浩といった、一昔前の写真界の重鎮となられた方々ばかりなんです。なかでも、軍とお互いに利用しあったという点でいえば、とくに名取洋之助は上手かったと聞きました。報道写真と写真表現の草分けの人で、奥さんもドイツ人で、ドイツ留学から帰ってきてライカを日本に広めた人なんですね。

木村伊兵衛は朝日新聞で"木村伊兵衛賞"なんてやってますけど、戦中は心ならずも合成写真の素材なんかに利用されてるわけですから、そういう意味でも面白いですね。それと渡辺義雄先生ですか。先生は私の母校（日大芸術学部写真学科）にいらっしゃいました。私が卒業するころには先生はご存命でしたが、晩年は伊勢神宮なんか撮られてました。菊池さんもその下にいた報道写真出身の若いカメラマンの一人だったんでしょうね。

当然こういう写真は周到な軍のセッティングで撮ったんでしょう。今でさえ"プレスツアー"とか称して米軍や自衛隊と言わずまったく同じようなことをしていますが、それを対外的にしようとしたんでしょうね。自衛隊でもいろんな機関誌がありますし、米軍は『スターズアンドストライプス』をはじめとして、もっとありますからね。

だから、こういうプロパガンダは当時も珍しいことじゃなかったと思います。ただ、当時から日本は外交下手だったんでしょうね、いまも依然として下手ですが。当時も外務省の怠慢と無能のせいで、満州だ南京だ重慶爆撃だのとナチスと一緒にされて、対外的に追い込まれたのを、菊池さんたちは、なんとか自分たちの前衛的な写真でそういう流れを一変させたいという思いもあったんでしょうね。

写真っていうのは常にプロパガンダに利用される面があるんですけど、そんな当時の日本は、現在ですら合成丸出しのはずかしい写真を対外的に発表しているどこかの独裁国よりずっとまともなことをやっていた、というのもこれを見ていてわかりますし。アートっていうのもわかってたんでしょうね。当時のカメラマンは前衛的で、とても優秀だったのがわかって嬉しいですね。きっと現物の『FRONT』の誌面は、いま見ても新鮮なんでしょう。

■ 菊池さんの写真とカメラ

保存状態がほんとうに良かったんですね。プリントもお上手で。大判のは印画紙がRCペーパーではないから、ご本人が焼いたものなんでしょう。ネガも同様に保存状態がいいハズです。現像も定着もしっかりされてる。今見るとプリントのフォーカスが若干甘い感じもありますが、当時のフィルムの質もあるでしょうから、これ以上望めないと言っていいでしょう。

戦車の質感なんかもよく出てますが、とても南方の最前線ではこんな処理はできなかったでしょうね。35ミリ判がライカで中判がローライフレックスでしょう。画面の周辺も暗くなったり絵がにじんだり流れたりしてないし、画質は申し分ありません。わたしもじいさんが使ってた2眼レフをもらいましたが、今のカメラと比べたらひどいもんですよ、レンズもひどく扱いにくくて。しかし、それでもきっとこだわって使ってたんでしょう。

しかし、よくこれだけ撮りも撮ったりです。当時のカメラはシャッターだって500分の1秒もなかったハズですから。200分の1とかの世界ですから、最高速が。レンズ自体も開放絞り値がf5.6とかで暗いから、明るいところではいいけど、ちょっと天気が悪くなると大変だったでしょうね。だから自然とキャタピラが回ってるように写っていて迫力を増してますよね。流し撮りを狙ったというよりは、狙わずして流し撮りに“なっちゃった”んでしょう。当時はレンズも一番長くて135ミリくらい。135ミリだと圧縮効果が出ませんから、たくさんの戦車をひとつの画面に収めようとする苦労が察せられます。

■ 菊池さんの絵心

やっぱり海外に出すためにデザインも意識したんでしょうね。カメラをわざと斜めに傾けたりとかしてますよね。誰の影響でしょう？　当時は画面を斜めにするテクニックはあまり使わなかったんじゃないですか、わたしもだいぶ古典写真を勉強しましたが。「撃ちてし止まん」や戦意高揚のポスターの迫力や、アメリカやドイツのポスターや雑誌を意識したんでしょう。

『FRONT』を製作・編集していた東方社には、あの当時の前衛的で有能な若いカメラマンが集まったんでしょうから、いろいろアイディアを競ったんでしょうね。菊池さんも絵心があった方なんでしょう。すごく絵が決まっているカットが多いです。最初にコンテがあったんだとしたら、それを描いたプランナーやデザイナーも優秀だっただろうし、しかしそれでも現場でこれだけいろいろ試して撮ってるのは、カメラマンとしての意地もあったんだろうと思います。フィルムだって、あれだけ物が不足した時代なんだから、貴重でしたでしょう。

苦労が見てとれますね、カメラのアングルを変えてみたり。当時のこんな貧弱な感材（フィルム）、古典的な機材でよくもまあ、これだけ撮りましたよね。……願わくば、人物の表情がわかる写真がもっとあれば。ただ、陸上自衛隊の第7師団の大行進じゃないですが、メカニカルなものに興味をもつのはカメラマンの性（さが）なんでしょう、この当時から。それを斜めにしてみたり、遠近感を無理に強調したり。すごい迫力ですよね、大胆です。広角レンズで撮りたがるところを、あえて寄ってばっさりアングルを切り取ったり。見事ですよ。

ただ菊池さんもプロの意地もあったんでしょう。大胆だけじゃなくてオーソドックスなカットも押さえてるんです。被写体が全部入ったカットも撮った上で、冒険もするというのがプロですからね。それが頭のガチガチに固い帝国陸軍がわかってくれたか、という不安は持ちますね。それでも、こんなに数を撮ってるのは菊池さんもかなり好きだったんでしょう。

なんだかんだ言っても、やっぱり戦車に興味があっていろいろなアングルを試してみたかったんでしょう。検閲、検閲で新聞社のカメラマン連中がろくに写真を発表できない時期に、これだけの撮影ができたわけですから。当然、軍事機密に触れられるわけですから、優越感もあり楽しかったんでしょうね。わくわくしてエキサイトしながら撮っていたんだと思います。

■ 戦車の事情も透けて見える

これだけセッティングして撮ってたら、もはや報道とは言えないでしょう。とはいえ、こういう瞬間がカメラの前で繰り広げられたというのも事実なんですから、貴重な写真であることに疑いの余地はありません。実戦だったら戦車の車間をこんなに詰めたら敵弾1発で2〜3台まとめてやられちゃいますから、これがそういった“絵作り”をしている事情も見えてきます。

また、戦車学校の訓練なんて、今とまったく変わらないですよね、陸上自衛隊の富士学校とか北海道の第7師団がやってることと。写ってる戦車が戦車ですから、見た目は全然違うにしても、訓練や教育は変わってないというのも興味深いですよね。

そして、たくさん走らせて威勢はいいけど、帝国陸軍は戦車に関しては理解が少なかった軍隊です。とても戦艦大和を造った同じ国とは思えないぐらい戦車に関しては感心が薄いのか、開発もなおざりだったし。見るからに装甲も薄く、砲も小さいし。ドイツの戦車を写真とかプラモデルなんかで見慣れてると、いかにも装備も貧弱ですよね。

そうは言えども、もったいないですよね。今はもうない貴重な戦車がこんなに元気よく走ってて、しかもこんなに鮮明で。旧軍の戦車自体が現在ほとんど残っていないですから。それ考えると壮観です。まだバリバリ現役で動いている、ちょっと装甲と武器が貧弱とはいえ、これだけの数の戦車がまとまって走るというのは。

それは恐らく、強大な戦車を大陸へ持っていってバリバリやる発想はなかったんでしょう。内地で戦車が出る時はもう終わりですし、外国に持っていくには船に載せなければなりませんし。今の自衛隊とは逆の発想でしょうね。

現在の自衛隊の主力戦車も鉄道で運べるとか橋が渡れるかで大きさが決まるといいますから、それと同じです。当時の日本が船で外国へ持っていける大きさと重さから戦車のサイズや装備が決められただけで、内地で戦車戦をするつもりはさらさらなかったんでしょう。そういうのもこの写真を見ててわかって面白いですね。

日本の戦車隊は歩兵からだけではなく騎兵学校からも発展したんでしょう。これを見てると戦車が騎兵から発展したという実感がわきます。バロン西もそうですね。騎兵から戦車隊長で。それに栗林忠道も騎兵学校出身で、ずっと騎兵でしたよね。いまは騎兵も名前が残っているだけで、米軍も騎兵が乗ってるのはヘリコプターですもんね。キャバルリーって名前だけが部隊名で残っているだけで。日本では戦車は持て余されていたんでしょうね。機動力があるという点では生き物が乗り物に変わるだけなんで、歩兵とは認識が違うんでしょうが、実際、搭載力も火力も段違いに大きいわけですから。

ここに写ってる方々は、ほとんど内地へ帰る前に亡くなってるんでしょう。関東軍の戦車学校なんて戦争途中で南方に送られたんでしょうし。戦争中に亡くなったかどうかは別としても、昭和16年に20歳前後だとしても、ここでモデルになっているというか被写体になってる方々も、存命していてもほとんど80代半ば以上でしょう。お元気な方はいらっしゃるのかなあ。それを考えると感慨深いですよね。

■　カメラマンとして見て

安心しました。撮り方がいまと変わってないというか、いまの我々の撮り方とそんなに大差がない。それにしても、ある意味では羨ましいですね、こんなに大量の戦車にこんな近い距離から大胆なアングルで撮れるっていうのは。

戦車の取材っていうのは本当に危ないんです。戦車に乗ってる相手からは、こちらがろくに見えないですから。ハガキみたいな小さな覗き窓から見てるわけでしょ。ロバート・キャパのガールフレンド、ゲルタ・タローもスペインで友軍の戦車に轢かれて死んじゃってますから。

この渡河のシーンなんて、この雨の悪条件のなかでよく撮れましたね。写真を撮っている立場から見れば、そのカメラマンがどんな狙いで撮ろうとしたか、その意図がよくわかります。今と変わらないですね。それで当時の貧弱な機材と少ないフィルムでよく撮ってます。脱帽しました。

■　最後にひと言

この写真集は戦車そのものに興味がある方や旧軍関係者、ないしはそのご家族の方はもちろんですけど、カメラや写真に興味がある方がご覧になられても、とても楽しめるでしょうね。多くの人に見てもらいたいと思います。(談)

取材・文責／浪江俊明

宮嶋茂樹（みやじま・しげき）

"不肖・宮嶋"として知られる報道カメラマン。1961年兵庫県明石市出身。写真週刊誌専属カメラマンを経てフリーランス。分析不能の撮影技法により数々のスクープをものし、戦場ルポやエッセイなどの著書多数。

まだ90式戦車が導入される前、やはり北海道において。戦車の形式や人の外見は変わっても、やってることは同じ（?）に見える。（写真提供／宮嶋茂樹）

PART 1
千葉陸軍戦車学校

昭和16年秋、東方社『FRONT』のための撮影

以下一連の写真は24ページのコラムにあるように東方社のスタッフが総力を上げて撮影したもの。戦車1個連隊に相当する多数の戦車がさまざまなフレーミングによって切り取られている。このページは、一連の写真のうち最初に撮影されたカット。戦車の縦列を撮って、集団の大きさを誇示しようとしたものか。空を大きく画面に取り込んでバランスを調整しようとしている。

Negative number E443

戦車の大集団による機動演習

以下は戦車学校の車廠前に整列した教導隊の戦車群がエンジンを始動して演習場へ出て行くまでの流れを捉えている。このカットは前ページと同じ位置からの撮影だが、こちらの方が集団の迫力という点では上手くとらえられている。きれいに整備された九七式中戦車や九五式軽戦車が並ぶ。左上方には八九式中戦車も写り込んでいる。なお、砲を外した九五式軽戦車が少なくとも４両見受けられ、訓練上の運用として多用されていたことも判る。

Negative number E444

敵襲があれば一度に壊滅するため、通常はこのような密集した陣形はとらないが、撮影用にギリギリに車間距離を詰めて、始動を待っている状態である。

Negative number E446

菊池氏の回顧（24ページ）にもあるように、当初は用意されたシナリオどおりに地面に立った視点から戦車群を撮影しようとしたものの一部であろう。

Negative number E449

車長は一応、展望塔に納まり、ポーズも付けさせた。しかし画面中央が空いていて密集感にはやや遠い。迷彩のパターンは統一されていないのが判る。

Negative number E450

戦車の大集団による機動

千葉戦車学校で撮影されたこれらの写真については、昭和16年の秋頃に東方社の写真部員が総出で撮影したことを菊池氏が証言しており、以下にそれを紹介する。

「あの戦車は九七式中戦車、またの名をチハ車といって、その戦車学校には二百台かそれ以上いたようです。この撮影には東方社としても相当の意気込みで取りかかったようで、出かける前に、原(弘氏。本稿筆者註)さんからいろいろスケッチ(撮影コンテ)を受け取っていったのですが、来て見ると初めて見る戦車で、しかも何百台という数に圧倒されてとてもスケッチを見ながらというわけにはいかないのです。一番の難物は一度に何十台も入れてほしいという注文で、そのころ一番長いレンズが135ミリでしたから、なかなかつまった感じにならないんですね。そのうち濱谷(浩氏。本稿筆者註)さんが、ぼくはあの上から撮るから、菊池さんは下でぼくの注文を指揮官に伝えてくれといって、近くの建物の屋根に上がった。そうして右の方に十台ばかり入れてくれ、左の戦車は間隔をもっとつめさせろ、と大きな戦車を動かして思うような位置に持ってこさせ構図が大体いいとなったとき、今度は一斉にエンジンをふかして白煙を出してほしいと指揮官に注文したんです。あれには驚きましたね」

(『戦争のグラフィズム』多川精一、平凡社刊)

この話からも判るのは、東方社が菊池氏以外にも多数のカメラマンを派遣して撮影した事実であり、他のカメラマンが撮影した(本書に掲載したものとは)全く別の写真がまだ多数あったと断定していいことである。どこかに埋もれているのか、またもうこの世には存在しないのか、いずれにせよ大変惜しいことである。

一旦、撮影箇所を代えることになり、車長達もばらばらと戦車から降りてくる。後部フェンダー上の装備品の搭載状況が各車まちまちなのが目を惹く。

Negative number E451

撮影シナリオにあったものかどうかは不明だが、人物（戦車兵）が中心の写真も少数ながら撮られた。油にまみれた軍服（作業衣袴）のままではあるが、当時の標準的な戦車兵の軍装が判る。
Negative number E455

せ

前ページの場所でカメラを横位置に構え直すと、撮影講座の作例写真のようにまったく異なる印象となる。各員は作業衣袴（ツナギ）にコルク製の戦車帽（夏用）、戦車眼鏡を身に着け、水筒、雑嚢、銃剣、十四年式拳銃などを携帯している。

Negative number E-456

再度、気を取り直して乗り込んだ戦車兵たち。次のコマ番号では既に高い場所からの撮影になっており、カメラマンの濱谷浩氏はこの写真が撮られた直後には戦車学校の建物の屋根によじ登っていたことになる。

Negative number E458

せ
302

カメラマンの濱谷浩氏の指示により、隊形を詰めた全車が一斉に白煙を吐き出した。停車した状態で、ディーゼルエンジンを空吹かしさせたものである。

Negative number E459

せ
302
100
せ
300
309
き
107
せ

106
せ
009
せ
302
100
109
き
121
き
110
き
104
せ
301

戦車の大群が前進しているイメージを求めていたので、車外に人が出入りしているこのようなシーンは本来不要であったものと思われる。

Negative number E461

カメラマンはこの“せ 300”号を中心とした構図を気に入ったようで、3 枚も続けてほぼ同じアングルで撮影している。この車の展望塔にはパノラマ眼鏡が付属しているのだが、その開口部が丸くぽっかりと開いている。この形状をはっきりと捉えている写真は極めて少ない。

Negative number E462

前ページ（E462）とほぼ同じなのだが上部を切り詰めたことでより密集感が高まった。画質も陰影がはっきりしており、戦車全体にまんべんなく油汚れが付いていることがよく判る。戦車学校の教材でもあるので日常の手入れは通常以上になされていると思われるので、この程度の油汚れは“正常の範囲”であったのだろう。

Negative number E463

310
108

せ
300

前ページに比して更に構図を追い込むことで集団の迫力を出し、土や油にまみれた戦車の逞しさも伝わってくる。もちろん薄い鋼板を繊細に組み合わせて仕上げられている日本戦車の特徴もしっかりととらえられている。

Negative number E464

戦車からは排気煙が噴き出されているが戦車兵のポーズはまだバラバラであり、撮影の合図はまだ送られていない。遠景に見える車廠（車両庫）や自動貨車（トラック）類などにも注目されたい。

Negative number E465

これで『FRONT』に見開きで掲載されている戦車群のイメージにやっと近いものになった。排気煙も戦車が写る程度に薄まり、戦車兵のポーズもほぼ良好。構図も引き締まり、左よりも迫力を感じさせる。俯いている車長は操縦手にエンジンの回転数などを指示しているのであろう。

Negative number E467

これとE467、E474が『FRONT』（陸軍号）に載っている見開き大写真に近い。実際には、複数の写真を切り貼りや複写などで寄せ集めて台数を“加算”し、その上に砲身の太さを悟られないように太く加筆修正し、砲の無い指揮戦車にも主砲を描き加えるなどの大改造を施して対外的に発表したことが判明している。

Negative number E468

発動機を吹かし過ぎたのか、中ほどの戦車“き 107”号から両脇に噴き出した排気煙が多すぎ、他の車両のそれから浮き上がってしまった。

Negative number E471

311
309

306
308
002
100
107
404
307

これも『FRONT』に掲載されているイメージに近いもの。画面を傾けることによって停車中ながらあたかも前進しているかのような印象を与えている。

Negative number E474

100
300
309
107
せ
き

121
109
308
110
104

車上に全く人がいない。この"無人の戦車群"のパターンも検討されたようで、同じ条件で撮影されたものが数回続く。履帯の弛み調整は各車両により多少の違いが認められるが、概ね標準とされる状態が判断できそうである。

Negative number E476

これも画面を傾け、無人の戦車隊の行進の写真に"動き"を付けている。九七式中戦車の機関室上面には冷却気の吸気と排気を分離する水平装甲板が取り付けられたが、これがあるものとないものが混在しているのも確認できる。

Negative number E479

撮影に関係の無い生徒らは遠方で車座になって休憩している様子が判る。撮影対象となった手前の戦車の乗員達も、車内にせよ車外に退避しているにせよ普段の厳しい訓練からいっとき離れて楽しんでいたのだろう。

Negative number E480

306
121
302
110
104

一連の写真の中央（車番“100”）には九七式中戦車の派生型である指揮戦車〈シキ〉が見える。シキ車は連隊長級の指揮官が乗車するとされ、非常に生産数の少ない車両だが、実戦（部隊配備）での映像も確認されている。

Negative number E481

隊舎の屋根によじ登ってこの写真を撮っている者がいるのにもかかわらず、車上から撮影を敢行しているカメラマンがいる。

Negative number E482

こうやってたくさんの同じ戦車を眺めてみると、同じに近いと判断できる迷彩塗装のものはほとんど見当たらないことに気が付く。

Negative number E484

一連の写真のコマ番号の最後にあるものなので、撮影終了直後のスナップ写真に類するものであろう。

Negative number E486

このページ上の写真を最後に、いったんシーンが変わるためネガ番号は前後するが、被写体の状況から連続するカットと判断した。一番手前右は指揮戦車だが、この年の9月13日付で、千葉戦車学校に対し至急返納するように陸軍省から機甲本部を通じて命令があった。記録では1両のみを「直ちに戦用に充当できるように整備して返納する」とされていたが、この写真の車両がそのものであるのかは不明である。

Negative number E495

後方列にいた戦車のエンジンも始動し、前列部隊の後方に続こうとしている。車廠前の場面はこのカットで最後となる。白シャツのカメラマンらしい人物が２人写っており、これは一連の写真が東方社の社員多数による協同作業で作り上げられたという物証でもある。

Negative number E497

中戦車小隊の降坂機動

以下一連の写真は、演習場の起伏を利用して戦車部隊の躍動的な姿を表現したもの。各戦車の動きをカメラが追うのではなく、動きのほうをコントロールしながら撮影されたのがうかがえる。このページは巻頭に掲載したのと同じもので、やはり6～7ページの写真（E503）と並んで“決めカット”となるもの。

Negative number E487

絵コンテが存在する可能性を強く感じる構図である。画面真ん中の戦車兵と履帯との対比が面白い。雑草で覆われた演習場を走行し、磨いたような鈍い光沢を見せる履帯が印象的だ。

八九式中戦車以降の日本戦車の履帯は高品質な高マンガン鋳鋼製だった。

Negative number E489

斜面を下る“け 104”号の砲口には蓋が取り付けてある。この蓋が鮮明に写っている写真は稀である。また、中央の戦車の砲塔の上から中を窮屈な姿で覗き込んでいる姿が妙である。いっそ車内に入って話をした方が良いように思われるのだが。

Negative number E490

け
104

64ページ下の写真（E503）の寸前に撮られた行進中の戦車群。昼間の密閉行軍ではあるが、E503でも見られるようにカメラマンが周囲をうろついており、車中の操縦手は神経をとがらせていたはずだ。

Negative number E491

“け 104” 号車を先頭にして行進と撮影は進むが、右から後ろから他車が迫ってくる。撮影者と “け 104” の位置関係はあまり変わっていないことから、この戦車は微速前進で進んでいたと考えられる。

Negative number E492

け
104

車体前面装甲板、泥除け、操縦手窓などの全ての厚さ、否、薄さが判る。前照灯や星章にはじまり、最終減速機カバーの支持方法や製造銘板などの細部も明瞭で、尖頭ボルトとリベットの使い分けも見てとれる。更に左側泥除けの穴の下方に小さなリベットが３個ずつ並んでいるのさえ確認できる。

Negative number E500

せ
302

せ
302

け
104

p.64上：
消音器から勢いよく吹き出る排気煙にも見えるが、その排出口から煙は出ておらず煙幕の類と思われる。手前の車両のジャッキには“九 00”と読める番号がペンキで記入されているが、後方の戦車にはそれがない。機関部グリルの上部に水平の装甲板がないのは初期生産車の特徴である。

Negative number E502

p.64下：
九七式中戦車の初期生産車を捉えたなかでは代表的とも言える一枚。必ずしも光量が充分な条件下で撮影されたものではないが、露出が切り詰められたために重量感や迫力が強調される結果となっている。

Negative number E503

p.65：
白いシャツのカメラマンはどうやら戦車を低い位置から仰ぎ見る角度でのシャッターチャンスを狙っているらしい。これだけ台数があると相当な騒音だったはずで、加えて誰も車外に顔を出していないので撮影する方もされる方もお互いほとんど意思疎通が出来なかったであろう。

Negative number E506

57ページと同じ場所で撮影された九五式軽戦車。砲身を防盾ごと外した九五式軽戦車は前方の見晴らしがかなり良かったはずで、操縦訓練などの写真で時おりこの姿が散見される。

Negative number E507

そう遠くない距離から進行して来る戦車を真正面から撮ったもの（停車中ならもっと近付いてから撮ったであろう）。車体底面を顕にする体勢であり、攻撃前進中の戦車ならばもっとも避けるべき一瞬である。

Negative number E509

場面は変わり、各戦車は狭い場所であちこちを向いている。戦車の周辺にいる兵たちはこれまた見事にばらばらの姿勢である。遠景での演出写真なのかも知れない。

Negative number E511

p.70：
その後、各車は進行方向をそろえて前進を開始した。しかし、まだ車両に取り付いている戦車兵たちも見られ、号令一下即前進といったような緊張感はあまり感じられない写真だ。

Negative number E512

p.71上：
戦車の前方では、車長らしき人物が手を振って合図している。九七式中戦車の後部の牽引鉤、車外灯（左から緑、橙、赤）、牽引索などの車体への取付け方法などの細部もよくわかる。

Negative number E515

p.71下：
撮影用ということで若干過剰に排気煙を出している可能性もあるが、昼間に実際の戦場でこれだけ濃い白煙が立ち上ればかなり遠方からでも戦車の存在が識別できたであろう。

Negative number E516

せ
302

煙幕の中の機動を見せたのは数台組であった。転輪が連動して激しく位置を変えているこのような様子の写真は意外と少ない。日本戦車の“シーソー式”懸架装置は二輪一組のボギーを支持する曲柄（クランク）を、連動する二組のコイルバネで支えるもので、トーションバー以前の方式としては優れたものだったといわれる。

Negative number E518

煙幕が立ち込める中を突き抜けて、荒々しい地面を戦車は前進する。画面上半分の白さと下半分の地面の黒さとの対比の面白さも狙いか。

Negative number E517

下部転輪の裏側、転輪のボルトを対にして縛っている針金、車体下面の一部など、これまたこれほど詳しくわかる写真は珍しい。湾曲した前面装甲板下端や起動輪の歯の面取りなど、ていねいで繊細な仕上げも印象的だ。

Negative number E519

左の写真の下に写っている草の根と、この写真の根がほぼ同じと思われる。この戦車は腹を見せたまま停まっている状態であちこちの角度から撮影されたことが判る。

Negative number E522

当然ながら停車した状態で撮影されたものではあるが、戦車というものの潜在的な迫力と圧迫感を感じさせる。動いている状態よりも恐怖感が強調するように計算されている写真だ。

Negative number E525

戦車縦列と車長の肖像

撮影者は演習場の平坦な場所を選んで移動した。ここでもさまざまな角度から戦車隊を捉えているが、やはり画面への収まりが良いように戦車のほうを動かして構図を決めているようである。このページ、先頭の車長（胸ポケットが左右にある作業衣は将校用だ）が差し上げている戦車指揮官旗は上が色付き（青、または赤）なので、"隊形旗"と思われる。車体と泥除けの間にかなりの土が積もったままであり、当日はもうそれなりの量の機動を済ませた後のようだ。

Negative number E528

中ほどの九五式軽戦車“け103”号の車体中央には何やら十字形に線が描き込まれているようにも見えるのが興味深い。各車の迷彩塗装は刷毛によってかなり荒々しく施されており、“け 101”号の濃色部分は本来の塗装とマーキングの上から塗り足されているようだ。

Negative number E533

旗の模様が判らないが77ページ(E528)の旗と違ってこちらは三角形なので車長旗、または小隊長旗である。車長は皆、拳を突き上げて意気軒昂な様子を演出している。

Negative number E536

逆光の効果を狙った一葉。8両すべてが戦車指揮官旗を立てて行進している。各車とも排気煙を出していることから隊列を組んで前進しているように見えるが、次の写真から想像される状況から、実は全車停止したまま撮影されている可能性もありそうだ。

Negative number E538

これも車長全員が戦車指揮官旗を掲げた状態だが、よく見ると先頭車輌の前の雑草の状態が77ページ（E528）の写真とほとんど同じである。と、いうことは停止した状態でカメラマンが車長に様々なポーズを依頼して撮影した可能性が高い。

Negative number E539

以下５ページの写真については、各戦車兵個人が主人公ではあるが、同時に写り込んだ砲塔の細部などについても比較すると面白い“事実”も浮かび上がってくる。“け 108”号車の車長は戦車とともに以下４枚の写真に納まった。正面から見ることで左右非対称の九七式の特徴が強調されており、人物との対比で車体各部の大きさ（小ささ？）がよく把握できる。ジャッキが少し外側に傾いでいる。

Negative number E540

砲身向かって右側、防盾開口部の右上が細長く四角に切り欠かれているのに注意。また砲身に仰角がかかった場合に防盾下側にできる隙間を塞ぐように架体（砲架）の下部がせり上がるような形状になっているのも興味深い。

Negative number E543

黒光りする重機関銃、仰角をかけた主砲、そして背筋を伸ばした車長、と画面の主役たちを追いかけると視線が画面を対角線に動いていく。余白（空）とのバランスも美しい。これまで撮影者を知らずに一連の写真を見てきた人にとっても記憶に残る１枚だろう。

Negative number E544

今度は戦車眼鏡をぐいと上げての一葉。砲身の真上の防盾の上にも少し切り欠きがあるようだ。第２種（夏用）作業衣にたすき掛けしているのは十四年式拳銃嚢（ホルスター）の負革、細ひもは拳銃のランヤードである。

Negative number E545

さて今度は別の九七式中戦車の砲塔だが、このページの2枚を比較すると判りやすいが防盾右上（の外枠、部品名称は"大架"）が右肩上がりに斜めに切り欠かれており、明らかにこの二つの戦車の防盾の細部は異なっている。この車長は拳銃のほか、水筒や雑嚢など多くの個人装備を身に付けている。

Negative number E546

迷彩塗装の模様などから"け108"号車と思われる。展望塔の蓋（ハッチ）が真横から写されていることで、今更ながらにその薄さも克明に判る。

Negative number E552

まだしっかりと肩幅も出来上がっていない幼い体に大きめの軍服を着込み、その軍服も油まみれにして懸命に戦車学校で学んでいた少年戦車兵。一般的には斜め上方または水平位置で留まる戦車の展望塔蓋が垂れ下がるほどに開いているのが気になる。

Negative number E554

また場面は変わり、煙幕の中を散開して前進する九七式中戦車。ネガは連続番号で整理されているが、これらが同時期に撮られたものかを確認することはできない。
Negative number E549

かなりの密度で展開している戦車を撮影しているが、とくに中央奥の２両などは触れ合わんばかりであり、少なくともどちらかは停止しているのではないだろうか？
Negative number E559

一番手前の戦車の履帯がぶれて写っているので、停止している戦車を写したものではないことがわかる。縦の画面に動く戦車がたくさん入ってきた一瞬を切り取ったものだろう。

Negative number E566

後部プレートの“千戦”は千葉戦車学校の略である。“901”という車番はよく見ると手描きの文字のようだ。牽引索がない車体後部の様子をみると、鋼板の継ぎ目から油がかなり染み出ているらしいのが判る。

Negative number E563

901

冠水地における徒渉の状況

場面は水浸しとなった演習場を進む戦車隊の光景に変わる。この写真では砲を外した九五式軽戦車は砲塔を後ろ向きにして進んでいる。大きな開口部分を正面に向けて進むと水しぶきが飛び込んでくるからか。そもそも開口部分が大きく普通の状態ではない戦車を、天気の悪い日に敢えて水中に進ませた理由がよく判らないのだが。

Negative number E578

水面や空の様子を見てもある程度の明るさがあって雨も一応止んではいるようだが、他の写真からも風が強い様子が見てとれ、荒れた画面に緊張感を加えている。
Negative number E576

比較的水深が浅い場所を疾走する九七式中戦車だが、後部の水の跳ね上げが非常に激しい様子が興味深い。これが普通の土砂であれば車体後部の泥除けは結構早く傷んだ事が連想される。
Negative number E580

p.96：
遠方には戦車学校の建物らしきものがあるが不詳である。また草原と水面の境目がはっきり分けられてないいので、管理された川や池で実施された訓練ではないことが判る。上で“らしき”としたのは戦車学校の西に千葉陸軍高射学校、東には陸軍兵器補給廠と鉄道第一連隊の材料廠が隣接しており（更に補給廠の北は陸軍歩兵学校と気球連隊、その北には下志津飛行学校が連なっていた）、西千葉地域一帯には陸軍の施設（つまり大部分は野原）が集中していたからである。

Negative number E574

p.97 上下：
（2 枚とも）水陸両用戦車を除けば、訓練でも実戦でも、水中に戦車を進める機会はそう多くなかったはずで、その稀な機会を記録した写真はさらに数が少ない。戦車の周りにはかなり激しい水しぶきが上がっており、かなりの速度で進んでいることが判る。

Negative number E569
Negative number E573

ブレてしまっているが、中央の戦車の波しぶきが車体前部の上面まで激しく包んでいる様子が判る。こんな“大波”をくらえば、さすがに各所から浸水していたであろう。
Negative number E582

上とほぼ同じアングルで連写されたもの。今度はブレずに落ち着いて撮られたのだろうが、シャッターチャンスにカメラマンが慌てた“大波”は消えてしまった。
Negative number E583

PART

2

千葉陸軍戦車学校　その2

昭和16年秋、歩戦協同訓練

以下一連の写真は、昭和 16 年秋に千葉戦車学校で行なわれた歩戦協同訓練の模様である。この時期、すでに満州には陸軍公主嶺学校および公主嶺陸軍戦車学校があり、諸兵種協同による総合的な機械化兵団の研究・教育が実施されていたが、千葉陸軍戦車学校でもこのような訓練が行なわれていたのである。

Negative number E443

雨中の歩戦協同訓練

戦車学校を含む各種の実施学校は、開発された新兵器の実用評価をすることもあった。学校側としては時には評価だけのための作業もしたのだろうが、この一連の写真の場合は学校側の訓練（歩兵、戦車、砲戦車の協同作戦訓練）の一部の材料として新兵器を試用したものと想像される。車体だけの審査なら歩兵を同時に参加させる必要性も薄い。

Negative number C803

p.102：
雨中の訓練のようで、遮蔽物のない地形では煙幕を張っていても一人ひとりの歩兵はその姿が遠方でもくっきりと浮き上がって見えてしまっている。言わんや戦車も雨に濡れて光ってしまっているのが判る。

Negative number C804

p.103上：
この訓練における“課題”は無線による指揮・連絡だったようで、写されている車両は多くが後部に二本の竿を立て空中線を張り、鉢巻アンテナなどの補助としているのが興味深い。

Negative number C805

p.103下：
樹木の枝葉や雑草をあちこちにくくりつけ、偽装した状態で進む九七式中戦車。鉢巻アンテナは、少々曲がっており、それなりに使い込まれた車両であることが想像される。

Negative number C806

け
103

アクセルを踏み込んだ九七式中戦車は盛大に白煙を噴きながら次の稜線に向けて進む。遠目には三角になって写っている歩兵らは雨衣（うい、レインコート）を着ていて立ち尽くしている。歩兵と戦車が同時に進撃を命ぜられている場面ではない。

Negative number C809

試製一式砲戦車(ホイ)と一式自走砲原型の通過

チハ車の車体を流用し日立製作所によって昭和 16 年 4 月に 1 両のみ試作された試製一式砲戦車（ホイ）である（出版協同社『日本の戦車』1978 年刊による）。これまで出版物にほとんど掲載されたことのない貴重な写真であり、その量産型である二式砲戦車とは砲塔形状がまったく異なる。そのような珍しい車両が撮影対象の目的物に挙げられているはずもなく、異形の車両に気が付いた撮影者が慌てて写したものか。

Negative number C810

これもまた非常に貴重な１枚であり、一番奥に見えるのは一式自走砲（ホニ）の原型車両と思われる。量産車両と比べてかなり小振りの防盾の二つの小窓がはっきり判る。砲の後方に位置する要員は完全に体が露出しており、その危険性が現場で指摘され、防盾側面が拡大した形で再設計されたのであろう。

Negative number C813

106−107ページの連続カット。連写というよりは、僅かにフレーミングを調整し直した1枚か。砲はほぼ正面を向いているものと思われるが、砲塔の太めの黄色線と車体のそれとは微妙に太さや位置関係が異なっている。これは車体と砲塔の塗装が別々になされたことを表している。

Negative number C811

進行中の試製一式砲戦車（ホイ）。やや判りにくいが、奥のチハ車のさらに向こう（試製一式砲戦車の砲身のすぐ上）に一式自走砲の細い砲身が写り込んでおり、3両がほぼ真横にならんで進行していると思われる。停車中に弛んでいる履帯と駆動力によってぴんと張った履帯の違いが興味深い。

Negative number C814

試製一式砲戦車（ホイ）の砲塔の中の戦車兵は耳に受話器を付け命令を受けている。砲身の上の駐退器覆いの大きさが目を引く。これだけ大きいと、このまま実戦に投入されたならかなり被弾しやすく、発射不能などの故障勝ちであったろう。

Negative number C815

この試製砲戦車にも“竿立て空中線”は備えられた。他のチハ系車両にはみられない砲塔の細部の特徴（上面が平面ではなく盛り上がっている、展望塔が高い、砲塔前部にパノラマ潜望鏡を装備など）にも注目したい。

Negative number C816

九七式中戦車の突進

少しの間試製砲戦車に向いていたカメラの視線はまた協同訓練に戻った。写真は指揮戦車（左）と引率された戦車たち。指揮戦車の偽装砲塔から乗り出している人物は、三角形の『戦車指揮官旗』を使っている。これは初期の戦車が無線を全く搭載していなかったため、旗の種類と振り回し方で信号の代用としたものである。各車に無線を積んでの訓練であったが、依然、旗で補助をしていたのが当時の無線事情か。

Negative number C820

け
103

やわらかい草地を進行してきた九七式中戦車（初期生産仕様）の履帯には土と草が目いっぱい詰まっている。雨に濡れたせいか、砲塔の迷彩がほとんど一色にしか見えない。

Negative number C818

かなりの速度で進んでいる戦車のほぼ正面から撮影されているにもかかわらず、車長は気付いていないのかカメラマンの方を向いていない。砲だけはこちらを向いており、撮影者は気が気ではなかっただろう。

Negative number C819

歩兵を随伴して進行する、あまり変哲のない写真のようでもある。しかし、草の陰などでよくわからないが、戦車の中央部あたりの地面には大きな凹凸があるようで転輪は意外と大きな動きをしている。

Negative number C822

車長は司令塔の縁ぎりぎりに眼が位置するように低く頭を出して周囲をうかがいながら稜線を目指す。随伴する歩兵は雨衣の上から偽装網を被り、そこに植物の枝葉を挿して偽装しているようだ。

Negative number C823

か

戦車の横に煙がたなびいているが、この九七式中戦車は停車しているようである。また排気装置の位置からしても、横にいる別の車両からの排気煙ではなかろうか。

Negative number C825

これも細部を見ると大変面白い写真だ。戦車の左真横にはファインダーを覗き込んでいるカメラマンがいる。その後方の遠方には騎乗した将校らしき姿がある。手前の歩兵の位置は進行してくる戦車からはちょうど死角の位置に入り込むあたりだ。演習とはいえ、戦車の方向転換だけは無い事を祈りながら姿勢は低く保つべし。

Negative number C828

履帯がまだ張り詰めており、まだ低速前進している最中か。起動輪の駆動力によって引っ張られる側の履帯に対して、その前側（起動輪の下部分）の履帯はが大きく弛んでいる。展望塔のハッチの裏の様子が詳しく判読できる。

Negative number C830

p.126：
右下の写真（C833）の後に撮影されたものであり、戦車が兵の露払いで先行している様子がわかる。演習だといえばそれまでなのだが、このような地形で横薙ぎに機銃掃射を受けることは想定していないのかと不安になる。

Negative number C845

p.127上：
空中線用の竿は消音器の隅あたりにくくり付けられているようである。敵弾下の状況設定らしく、車長ハッチは閉鎖されている。またこの車両は牽引用の鋼索を外している。

Negative number C832

p.127下：
停車した戦車の横には小銃に着剣した歩兵が散開しており、突撃の命令を待っているのか。このような歩兵の活動を支援するのがこの戦車の本来の目的であった。

Negative number C833

か
130

か
130

少なくとも訓練の開始直後の撮影ではない風情が画面ににじみ出ている。歩兵の姿勢に力は無く、何よりカメラのピントも外れて撮影者の疲れも画面に顔を出している。あるいは、急坂をものともせず姿勢を低くして戦車に続く歩兵を、敢えてピントの合う被写界深度から外しイメージ的構成を狙った１枚か。

Negative number C847

無帽の右側軍との接触の場面と思われる。指揮戦車に先導され到着したものの、疲れ気味に下を向いている兵が多いのと比べ、攻め込まれた右側部隊にまだ緊張感がただよっているのが面白い。

Negative number C848

左から試製一式砲戦車、馬、一式自走砲試作車、九七式中戦車、整列をして点呼の準備をしているらしい攻撃終了側の歩兵と、当日の主役たちがほぼ勢ぞろいして写っている。それにしても現在の千葉市稲毛区の街並みとは似ても似つかない広大な光景である。

Negative number C850

211

p.132 上：
画面奥に進行方向が逆になっている戦車がいるので、対戦車反撃訓練か、もしくは一連の歩兵参加の訓練が終了した後の戦車隊単独の訓練（敵陣の蹂躙など）を撮影したものか。

Negative number C851

p.132 下：
棒杭で示された仮の敵陣を目指して戦車は進む。

Negative number C852

p.133：
随伴する歩兵も突撃の姿勢なのだが、防毒面や雨衣などの重装備に雨、そして足元も草深く、おまけに平坦地ではない様子で、足元がややおぼつかない。

Negative number C853

画面の傷でややわかりにくいが、2両の戦車の進行方向は相対しており、模擬戦車戦の光景である可能性がある。ピントが画面中央の草むらにあって、手前の歩兵がぼやけてしまっている。

Negative number C856

この“104”号車の砲塔には“き”の字が描き込まれているが、その後方には“に”という字もうっすらと見える。

Negative number C855

指揮戦車（シキ）の前面をとらえた数少ない写真。37ミリ砲の装備方法などがよくわかる。砲のまわりにある金属線はアンテナに繋がっているようには見えず無意味に混線したままで、また砲の可動範囲を邪魔しそうな微妙な位置を通って前面中央の星章あたりで見えなくなっている。

Negative number C858

き

駆け足で移動する兵。後続する一団もこの一連の写真に多く登場する歩兵とは異なる略帽と軽装の軍装であり、また雨に多く濡れた形跡もない。おそらくは訓練を参観した戦車学校の教官や生徒の集団ではないか。

Negative number C859

p.140：
泥濘に突っ込んだ指揮戦車。車体の底がほぼ地面にもぐり込んでしまいそうな悪条件だが……。

Negative number C860

p.141 上：
次のフィルムのコマに写っているのは、無事この場を通過した場面である。大量の泥が跳ね上げられており、果たして短時間でこの泥道を脱出できたものかは定かではない。

Negative number C861

p.141 下：
同じく九七式中戦車が走破に成功したようだが、轟音をとどろかせて悪路を脱出する迫力に圧倒されたのか、指揮戦車の際と同様、撮影はあまり上手くいかなかったようだ。

Negative number C862

100

轍を横断する“き104”号車。
この写真でも砲塔の“に”の字
が確認できる。

Negative number C863

PART 3
陸軍騎兵学校（習志野騎兵学校）

昭和16年秋

昭和16年当時の騎兵学校は、兵科としての騎兵が廃止され機甲科へ編入されたのを受け、主に偵察を担当する捜索連隊や軽戦車部隊にとって必要な研究・教育を行なう軽機甲学校となっていた。伝統ある騎兵の名称こそ残ったものの、実質的な研究・教育は戦車学校と大差なかったといえる。以下一連の写真は騎兵学校において撮影されたものである。

Negative number D690

軽戦車と自動二輪車の連携

2台の自動二輪車を従えた九五式軽戦車が迫る。速度は判らないが、履帯の様子からこの九五式軽戦車が動いているのは確実であり、カメラマンはその前進してくる進路の真ん中に構えてこの写真を撮った。鉢巻きアンテナを増設された九五式軽戦車は他にも写真が残っているが、数は少ない。

Negative number D683

この九五式軽戦車は下部転輪に補助転輪が付されて少数が生産された北満型と呼ばれる形式であることが判る。それにアンテナが付いているのだから、更に数少ない仕様である。この場面を撮影していたカメラマンは複数いたことも確認できる。

Negative number D684

北満型の特異な足まわりの一部がよく判る。また起動輪の歯は摩耗によって不揃いになっており、左の単車に付いているアンテナの支柱は竹製であることも確認できる。2台の単車の番号札が素朴な手描きであることも面白い。

Negative number D685

前ページと比べると、単車の方が"主人公"として撮影されている。事前に描かれた絵コンテがあったにしろ、さまざまなフレーミングによる場面の切り取りが試みられているのが判る。
Negative number D686

編集の都合で写真の順番が前後する。一台の単車が追いついてきた様子が撮られているが、九五式軽戦車の予備品箱やジャッキの車体への取付け金具なども見ておきたい。

Negative number D695

Norton

大胆に切り詰めた構図が印象的な1枚。右側の単車は英国製の"ノートン Norton"である。騎兵学校での装備品として英国製品も活用されていたことは、対米英の戦争が始まってからは大きく前面には出せなかったであろう。搭乗者の着衣は、演習における教官の識別を容易にするため明るい色で作られた"将校用作業衣袴"と思われる。

Negative number D688

停止した単車の傍を九五式軽戦車が駆け抜けて行く。停止状態でも元々この戦車は少し胸を張ったように前方が高く見えるが、走行中はさらに後方に傾いてみえる。北満型の懸架装置の小径転輪が外されていることや、単車の警笛装置（ゴム袋を押す方式）、計器まわりなどにも注目したい。

Negative number D694

Norton

戦車を追走している演出なのだろうか。両名とも片足を地面に付けているが。よく見ると両者の鉄帽の形状が異なっており、無線手のほうが縁の径が大きく絞りも浅いようである。
Negative number D698

左は九六式軽機関銃、右は無線機を背負っており、二人ともによく使い込まれた水筒を持っている。無線機の空中線はまったく変哲のない金属線であり、その支柱が釣り竿にも見える竹桿なのが興味深い。
Negative number D700

左ページ下と同じ場面をカメラの向きを変えて撮影した。手前の単車の下部を見ると"(c)ycle Co.U.S.A"という文字がはっきり見える。英国車"ノートン"の相棒は米国"ハーレーダビッドソン"か。

Negative number D701

鉄帽の下に着用した無線機のレシーバー、水筒（九四式甲）の左に見える下士官用刀帯の剣吊り（兵でも軍刀を下げた騎兵ならではの装備である）、被甲嚢（ガスマスク入れ）など、軍装がよく判る。

Negative number D703

指差しで指示を受けるポーズの兵の軍服（第二種作業衣袴と思われる）は油まみれである。当時主流の米英の単車でも、整備には相当苦労したという証拠になるのかもしれない。

Negative number D705

泥濘地を通過する軽装甲車

“悪路を力強く進む戦車”というコンテがどうやら在ったようである。『FRONT』には他の勇ましい戦車の写真を押しのけて、なぜか泥まみれの軽装甲車の足回りの一葉が採用されている。写真は機関銃装備型の九七式軽装甲車で、既にある程度の悪路を走破した後のようだ。

Negative number D706

前ページに続くカットだが、別の車体である。手前の土くれの塊でわかるように、ほとんど粘土のような地質の場所で撮影は敢行された。このように小型の車両にとっては、通常の機動訓練そのものが悪路からの脱出劇の繰り返しであったことだろう。過熱を防ぐため発動機覆いの一部が開けられている。

Negative number D708
Negative number D709

続く3コマは北満型の95式軽戦車の泥濘地通過の状況。車体を傾斜させながら泥飛沫を上げて悪路を突破する軽戦車を狙ったものだろう。下部転輪の一部は、泥中に加えほとんど限界の位置まで上に突き上げられるような過酷な状況下にある。これも過熱を防ぐため発動機覆いの一部が開けられている。

Negative number D766
Negative number D767

p.162：
連写したものの、“まず構図ありき”の制約からか、戦車の追い写し（流し撮り）ともいえない中途半端な写真に終わったようである。

Negative number D768

---

p.163：
九五式軽戦車が通過できた泥濘地も九七式軽装甲車には過酷だったようである。強く傾斜した車体は腹もつかえ、片側の履帯はおろか泥除けまでもが土中にあるともなると単独では脱出不可能である。光の加減でほとんど単色に見えるが、迷彩塗装は施されている。

Negative number D769

牽引の準備をするシーンだが、前ページで２両目に写っている車体だろうか。車体後部に携行されていた牽引索を外しているのであろう乗員の頭部が車両後方に見えている。機関室覆いの装甲厚（10mm）と解放時の支持架の構造が判る。

Negative number D770

牽引索は泥が付いているが、作業衣袴（ツナギ）を着用した車長？の足元は泥無しである。実際の牽引作業ではなく、やはりそれらしく演出したシーンなのだろうか。ジャッキなどの車外装備品が革帯で取り付けられているのが判る。

Negative number D771

轍は相当深く、この上をそのまま走行すると前車と同様に文字通り泥沼にはまる。これを避けようと後続車は進路を少し右に切ろうと苦労しているところか。3両の絵的なバランスは良いのだが。

Negative number D772

脱出が成功した後の様子だが、右前方の泥除けの上には大量の土が載ったままだ。車体前方には牽引索が確認できるので、163ページの車体はやはり実際に僚車によって牽引回収されたようである。

Negative number D773

機動九〇式野砲の牽引

九八式４トン牽引車シケが機動九〇式野砲（口径 7.5cm）を引っ張って進む。小型で接地長の短い九八式牽引車は写真に見る程度の窪地であっても転輪を大きく上下させ、それ以上に車体を動揺させるのが読み取れる。乗り組んでいる者も振り落とされないように車体にしがみ付いていたのだろう。

Negative number D711

本砲は木製車輪付きの九〇式野砲を機械化牽引に対応させるため板バネ式懸架装置を加え抗弾ゴムタイヤに改めたものだが、砲の両側に座らされる砲員は牽引車よりも条件が悪い。荒天だと車両には幌が付くが、こちらは当然全くない。
Negative number D712

写真の順番は前後するが反対側から見た様子。片手に小銃（三八式騎銃）、片手は車体、である。整備された道路上のごく短距離の移動ならまだしも、起伏の多い場所でこのような姿勢を長時間続けるのは非常に困難だったはずだ。
Negative number D710

動揺の激しさは両手両足で受け止めることが命ぜられた。その牽引車後方の番号札は残念ながら読みとれない。

Negative number D713

場面は替わって機動九〇式野砲の射撃訓練の様子である。砲身の後座長1mが窺い知れる長い揺架と駐退器が印象的だ。砲の各部の塗装は擦れ落ちており、使い込まれた状態がよく判る。九〇式榴弾は弾薬筒（完成弾）重量8kg強、最大射程は約14kmだった。

Negative number D714

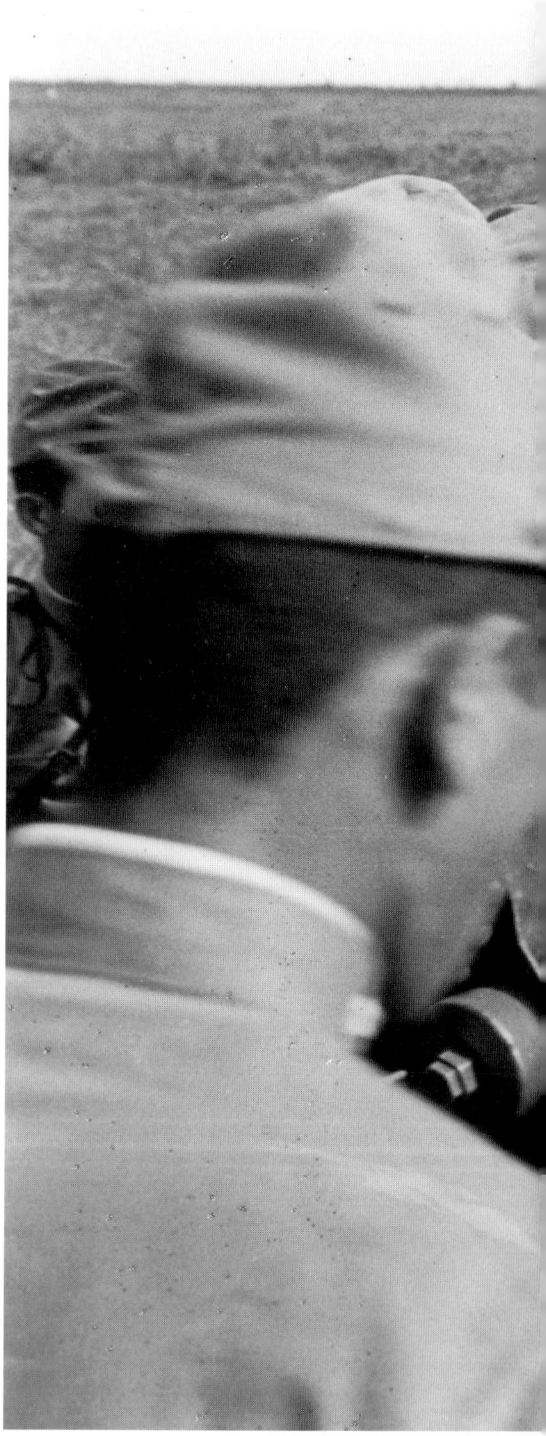

p.174上：
照準器の目盛り、水平鎖栓式の砲尾の構成とその下の複座器、防盾と砲との接合方法など細かい部分の情報がたくさん読み取れる。

Negative number D716

p.174下：
“発射後”の様子。砲身の中に異物が残っていないか確認する。照準手は転把を回して砲身の角度を微調整する。水筒は旧型の九四式甲である。

Negative number D719

p.175：
砲尾に一気に砲弾を送り込む。照準手の前の小窓からは、先ほどまで彼（眼鏡を着用）が座って握り締めていた座席グリップの一部が見えている。右の脚部には砲腔手入れ用の洗桿が立て掛けられている。

Negative number D715

p.176：
九八式４トン牽引車と人物を撮影するにあたり、カメラマンは撮影対象の背中から太陽が当たるように仕向けた。影に入った部分は人物の表情も含めややわかり辛いが、その分、陰影がはっきりと区別された印象的な写真となっている。

Negative number D737

p.177：
九八式二十粍高射機関砲（ホキ）を見上げる兵。この写真はトリミングされて『FRONT』に採用されている。個別の将兵がクローズアップされた写真が『FRONT』には散見されるが、当時の掲載の基準を想像しながら眺めるのも一興である。

Negative number D738

九五式九七式の超堤シーン

さあ、これから撮影用の訓練が始まる。九五式軽戦車（遠方に九七式軽装甲車も見える）に向かう戦車兵の腰のまわりには拳銃、被甲嚢（ガスマスク入れ）、水筒、銃剣など結構多くの物がぶら下がっている。

Negative number D774

102
106

先ずは北満型の九五式軽戦車が堤を越えて飛び出す。車体の底面の概容が判読できる。

Negative number D775

4両がほぼ同時に堤を越え、右端に見えるカメラマン達にシャッターチャンスを与えたようだ。

Negative number D779

九七式軽装甲車も堤の切れ目に突っ込み、両足を踏ん張ったような状態で一瞬宙に浮いている。

Negative number D776

堤の頂点を越えた戦車は完全に下向きになってしまい、やや間の抜けた写真になってしまった。

Negative number D780

p.182：

この北満型の九五式軽戦車の前方泥除けは先端が丸く整形されている。向かい側にもカメラマンがいるのだから、この場面の写真だけでも一体全体では何枚撮影されたことか。

Negative number D783

p.183上：

最前部転輪はいち早く下向きになって水平を保とうとしているが、次の瞬間にはこの戦車も激しく下を向いて滑り落ちるように進んだに違いない。もちろん車内の戦車兵もそれを予想しており、息を詰めて身構えていたはずだ。

Negative number D782

p.183下：

斜面を駆け下りる九七式軽装甲車。前方に重心が一気にかかり、シーソー式の懸架装置が作動して前後の転輪がほぼ限界まで移動しているのがわかる。一対の転輪をつなぐ揺桿（ボギー）は曲柄（クランク）に支持され、それが連係して作動するのがシーソー式のすぐれた特長だった。

Negative number D787

写真撮影地の背景について

北川誠司

本書に掲載された写真の撮影地は、

Part 1とPart 2が千葉陸軍戦車学校、Part 3が陸軍騎兵学校の演習場である。

ここでは両学校設立までの歴史的背景と学校の沿革を簡略に述べてみたい。

千葉陸軍戦車学校の歴史

■ 戦車学校以前〜長かった初期の戦車研究〜

日本に初めて戦車が輸入されたのは大正7（1918）年のことで、英国製の四号型戦車——英陸軍の主力を成した菱形戦車、Mk.Ⅳ重戦車の機銃装備型（雌型）——だった。その翌年以降には、やはり英国のA型中戦車（ホイペット）やフランスのルノー型軽戦車（ルノーFT）なども次々と日本に到着した。

ほどなく戦車の数だけは十数両揃い、その時点で日本の戦車兵の教育もまた直ちに始められるべきではあった。しかし明治45（1912）年から設置されていた軍用自動車調査委員会は、大正8（1919）年における戦車の研究方針として『まずフランス・ルノー型の小型タンクを研究』すると定めた程度であった。戦車乗員の養成という、近い将来における戦車部隊の運用を見据えたものにはほど遠かったのである。

翌年の研究方針でも、戦車については『英仏両式の比較研究』などとされていて、戦車が初めて日本に到着してから既に2年に近い年月が過ぎているにもかかわらず、この研究方針の概容を見る限りでは、当時まだ戦車自体の存在意義やその運用方法を充分究明できていたとは考え難い。

その後行なわれた輸入戦車による実験の主なものをみても

・大正9年9月、ルノーFTによる鉄条網突破試験

・大正12年5月、ホイペットとルノーを使っての運行試験（のべ6日間、全行程110km、実働19時間）

などとされる。これらは素人目にも輸入後数年経ってはじめて可能となる実験とは思えない。果たして予算の影響（大正11、12年の大軍縮）があったのか、それとも差し迫った戦乱も無かったためなのか、現代とは時間の流れが根本的に違うのかとも考えたくなるような研究の進行度合いであった。

ともかく、これらの一連の研究の結果は大正13（1924）年に軍用自動車調査委員会によって技術本部などに報告された。翌14年に創立予定の初めての戦車隊には、国産の戦車が装備されるべきとの方針が立てられ、この報告はその戦車設計上の参考とされている。

戦車が渡来してから7年もの時間をかけてその部隊が創設されるまでのおよその経緯は以上のとおりであった。一方、その間の戦車要員となるべき人員の養成もまた一貫したものではなかった。

最初に戦車を受領したのは輜重兵科であった。当初、戦車は輜重兵学校内に新しく作られた陸軍自動車隊に所属した。ここには歩兵学校教導隊や騎兵学校教導隊から将校や下士官が派遣され、四号型戦車やホイペットの操縦を学んだ。そして、歩兵学校の中で別途に二十数名が——軍用自動車調査委員会の嘱託という形で——戦車の研究を続けることになった。

大正9（1920）年のホイペット戦車2両をはじめとして、歩兵学校は輸入戦車を順次受領したが、その後も戦車隊が正式に編成されるまではこの研究部隊から毎年将校1名、下士官数名が自動車隊に教育研修を受けに行ったとされている。よって実質的には陸軍自動車隊が日本における最初の戦車学校の役割を果たしていたと考えられる。

陸軍自動車隊と歩兵学校での戦車に関する教育の違いについては詳しくわからない。ただ、歩兵学校が戦車を受け入れた当初は車庫ひとつ無く、慌ててテントを買ったものの大風で倒れたので材木やトタン板を寄せ集めて5、6坪の建物を急造し、訓練・研究・学生教練に間に合わせたという記述が残されている。当時の苦労とともに

極初期の“教育”の程度も偲ばれる。

戦車の研究と同時に、孤軍奮闘して“戦車を動かせる兵”を地道に養成していた歩兵学校に順風が吹いたのは大正13(1924)年の春頃であった。すなわち、第一次世界大戦後の各国における戦車の発達には目覚しいものがあったにもかかわらず、日本は依然大戦当時の旧式装備に甘んじていたのだが、師団数や総兵力を削るなどの大ナタを振った軍縮の結果で浮かせた予算を使って、戦車装備の近代化および部隊編成が実現化する運びとなった。そして歩兵学校にも編成上の意見が求められたのだった。

学校側は最小限4個大隊の設置を必要とする意見を上げた。だが翌14年5月に実際に作られたのは久留米の第一戦車隊、千葉の歩兵学校教導隊戦車隊の二隊(いずれも3両のホイペットA型と5両のルノーFT軽戦車から成る1個中隊規模)だけであった。

歩兵学校教導隊戦車隊は、本部・中隊・材料廠(部品や整備を担当)から成り、以前からの戦車研究の他に要員教育にも力を入れることになった。

しかし現実には教導隊戦車隊の隊員さえ、当初は自動車に関係していた者が多く含まれていた程度(当時は免許どころか、自動車そのものを見たことがないほうが普通だった)で、いわゆる“戦車兵”にはほど遠かった。加えて隊の立ち上げ時には修理・改修のために1両も戦車が学校に無い始末で、しばらくは自動車の訓練や小銃の教練や学科ばかりを毎日こなしていたという。

また、何事も最初なれば見習うべき手本が無いのは当然の事で、隊が活動を始めた時には頼るべき教本・操典(マニュアル類)が存在しなかった。英仏両国の操典類を参考にしながらも、数年に亘っての自国での研究成果を織り込んだ『戦車使用方案』がやっと発行されたのは同年10月のことであり、これが戦車教練の最初の指針となった。

昭和2(1927)年、歩兵学校教導隊戦車隊長は欧米出張を命ぜられ、仏・英・米国の戦車や軍機械化に関する研究視察を行ない、列強の現状と日本の更なる機械化の必要性を報告した。

昭和3年に歩兵学校は将来の国軍戦車に対する意見を提出し、またその翌年には歩兵学校教導隊戦車隊長が久留米の第一戦車隊長に任命されるなど人事面の交流も行なわれた。

同5(1930)年にはルノーNC型戦車が第一戦車隊に配備され、翌年には国産の八九式軽戦車(後に中戦車に区分)が両戦車隊に配備されるなど、徐々にではあるが戦車隊が質実ともに充実してきた。そのような時期に満州事変(昭和6年)が勃発し、同地へは、両戦車隊の一部を混合した臨時派遣第一戦車隊(装備はルノーFT、ルノーNC、装甲自動車)が編成され派遣された。

■ 戦車学校の成立と教育の概容

昭和8(1933)年には再度この戦車隊は大陸へ派遣されるが、その年、歩兵学校教導隊戦車隊が改編されて戦車第二聯隊(連隊)となり、これに練習部が付設されて学生教育を担当した。

この練習部を母体として昭和11(1936)年8月1日、陸軍戦車学校が開校した。ここに至って、戦車隊将校要員の学生教育がようやく体系的に実施されることとなったのである。創立された場所は習志野(千葉県二宮町)の陸軍騎兵学校内だったが、同年12月、所在地を騎兵学校内から千葉市穴川町(現在の千葉市稲毛区)に移転した。

陸軍戦車学校では、学生が甲種、乙種、丙種、丁種に区分されていた。乙種学生は正式名を乙種射撃学生といったとおり、射撃教育が主体だった。

丙種学生は、通信学生および工術学生に区分されていたが、実際には丙種学生の名称で運用された時期は短く、戦車学校においては単に、通信学生、工術学生との名称を用いた。通信学生は通信、工術学生は整備の専門的運用および技術に関して修得させる特技課程で、教育期間は六ヵ月だった。

丁種学生は、戦車隊要員となるべき歩兵科将校に対して、戦車将校として必要な知識技能を修得させるための基礎的課程であり、教育期間は約六ヵ月だった。この課程への入校は昭和12年、陸士(陸軍士官学校)四十七、四十八期生を主体とする丁種学生第一期に始まり、陸士五十四期生まで存続した。

最初から戦車生徒または機甲兵生徒として士官学校教育を受けた第五十三期生以降(中途転科を除く)は、見習士官および少尉として数ヵ月の部隊勤務を経験した後、戦車学校へ丁種学生として入校した。原則として、千葉の陸軍戦車学校へ入校したが、第五十五、五十六期の在満部隊の者は四平陸軍戦車学校へ入校した。

■　千葉陸軍戦車学校として

昭和15（1940）年12月、満洲の公主嶺に新たに戦車学校が設立され（後に四平へ移転し、正式名『四平陸軍戦車学校』となる）、それと区別するため陸軍戦車学校は『千葉陸軍戦車学校』と改称された。四平戦車学校の新設の主な理由は、内地においては戦車大部隊の運用および実弾射撃のための広大な演習場が得られなかったからである。

したがって千葉戦車学校では戦車隊に必要な学術および通信・整備の教育研究を、一方の四平戦車学校は、戦車部隊の運用および射撃の教育研究を、それぞれ基本的任務として分担することとなった。

学生教育もこの基本的任務の分担に基づき、千葉戦車学校は丁種学生および丙種学生を、四平戦車学校は甲種学生および乙種学生を受け入れることになっていた（実際には、最終的に四平、千葉、騎兵と単純な地域割になったようである）。

昭和14（1939）年、戦車学校に幹部候補生隊が設けられたが、昭和16年の機甲本部の設立に伴い「陸軍諸学校幹部候補生教育令」により千葉戦車学校と騎兵学校の幹部候補生教育を統合し、騎兵学校と新設の機甲整備学校の各幹部候補生隊において教育が行なわれることとなった。

■　終戦まで

しかし昭和19（1944）年の学校動員により、千葉戦車学校の下士官候補者隊を改編増強して幹部候補生隊を増設し、幹部候補生教育を再開することとなった。

千葉戦車学校幹部候補生隊の編成は二個中隊で、第一中隊が機甲、第二中隊が陸軍の輸送手段（船舶）の絶対的な不足という時局を反映した機甲整備（船舶整備）の教育区分であり、戦車兵以外の教育も担当する事態となってしまった。

第一中隊は中戦車三個区隊であったが、第二中隊は機甲整備（船舶整備）二個区隊であった。船舶整備教育は大発（上陸用舟艇）に戦車用ディーゼルエンジンを搭載したものを整備できるよう、定置した戦車エンジンでとりあえず教育訓練した後、大発を実際に運航する際の整備訓練で仕上げを行なった。整備教育は本来、機甲整備学校幹部候補生隊の担当であったが、大発での訓練には海に接する千葉が都合がよいので、千葉戦車学校幹部候補生隊が担当したと考えられる。

昭和19年7月、騎兵学校と同様に軍令陸甲第76号により千葉戦車学校にも動員が下令された。戦車第四師団隷下、教導隊が戦車第二八聯隊の基幹となり抽出されたが、編成当時の装備は以下のとおりである。

・第一中隊　九五式軽戦車
・第二中隊　九七式中戦車（新砲塔）17両
・第三中隊　九七式中戦車（新砲塔）17両
・第四中隊　九七式中戦車（新砲塔）17両
・第五中隊　一式10センチ自走砲　6門

これによって教材たる貴重な戦車と人員の多くを第一線に送り込んだため、以降は従来どおりの充実した戦車兵教育は行なわれなかった。千葉戦車学校の歴史は終戦を待たずに実質的な終焉を迎えたのだった。

千葉戦車学校将校集会所が発行していた月刊冊子『戦車月報』の昭和15年11月号（通巻第2号）。"陸軍認可済"と"日本将校ノ外閲覧ヲ禁ズ"の表示がある。

陸軍騎兵学校の歴史

■　創設期～明治期

そもそも騎兵学校の前身である陸軍乗馬学校は、明治21（1888）年に東京市麹町区元衛町（現在の丸の内）に創設された。これは文字通りの乗馬学校であり、創設の翌年から、他兵科の者の馬術教育も行なった。

当時の馬術はフランス式で、馬術専攻のため5年間フランス・ソーミュール騎兵学校で修業した中尉が乗馬学校教官となり、フランス式馬術の普及に努めた。

同24年には東京府荏原郡目黒村上目黒（現在の目黒区大橋2丁目）に移転し、当時この地にあった近衛騎兵大隊と兵営を交換した。

日清戦争の終った翌年の明治29（1896）年、乗馬学校は第二代目の校長として秋山好古を迎えた。秋山好古は、乗馬学校における教育として、単に馬術だけでなく、戦術教育を重要視し、職員・学生に対するその教育を盛んに行なった。

また、学校では、教育以外に研究も行なわれ、騎兵用電話器や騎兵用爆破器材について研究成果があったので、明治33年の北清事変では実戦部隊がこれらを携行した。

明治31年、陸軍乗馬学校は陸軍騎兵実施学校と改称された。同37〜38年の日露戦争中は閉鎖されていたが、明治39（1906）年に再開した。以後、馬術と戦術の二本立ての教育体系は昭和の時代まで続き、また佐官召集教育も行なわれた。

同41年には学校条例が改正され、馬術学生の教育課目の中に通信術と戦術が加えられた。この頃の通信術と称するのは有線電話だけであったが、'43年になって騎兵用回光通信機（電球の発光により相手と通信する）が採用されたので、これの教育も開始されることになった。

■ 機械化部隊への助走〜大正期

騎兵用無線機の研究が始まったのは大正3（1915）年であったが、同5年12月、騎兵実施学校は習志野に移駐した。移転の翌年の大正6年には陸軍騎兵学校と改称された。

学校の条例の改正も行なわれ、甲乙種の学生教育をすることと定められた。

甲種学生は各兵科ともにあったが、騎兵は比較的将校の教が少なかったのと、秋山校長以来、戦術教育を重視していたため、大部分の者が尉官のとき甲種学生の教育を受けた。乙種学生は依然馬術・馬車の教育が主であったが、通信および戦術の教育も行なわれ、また馬術も純然たる馬術だけでなく、行軍やそれに伴う軍隊指揮の教育も行なわれた。

大正8（1919）年には騎兵学校教導隊に機関銃中隊が新設され、教導隊は計3個中隊の編成となった。教導隊に機関銃中隊ができたことにより、乙種学生に機関銃の教育が行なわれるようになり、通信か機関銃のどちらかを修得することになった。

大正7年には世田谷に陸軍の自動車隊ができたので、騎兵学校は秋山久三中尉を自動車隊に派遣した。ここで技術を習得させたのが騎兵機械化の嚆矢であった。

大正9（1920）年には、フランス製ルノー軽戦車が騎兵学校に交付された。同車は時を同じくして歩兵学校に対しても交付されており、戦車の研究を開始したのは両者同時のことであった。

戦車・自動車の研究は教導隊において実施され、大正10年以降の特別騎兵演習には、同隊は毎回各種車両をもって一隊を編成して参加した。ところが、戦車を騎兵に採用することについては、満洲事変に至るまで決定するに到らなかった。その間に歩兵側には戦車隊が創設され、騎兵は立ち遅れてしまった。

大正11年、学校条例の一部が改正され丙種学生が設けられた。騎兵科の中・少尉を学生対象として、射撃または通信を修習させることとされた。ここにおける射撃は、主として機関銃、軽機関銃に関するものであったが後には速射砲の修得も加えられた。

■ 機械化部隊への脱皮〜昭和初期

昭和4（1929）年になると、騎兵学校に試製の八九式軽戦車が交付された。しかし『火力、装甲は多少犠牲にしても軽くて速い装甲車が適する』（軍需審議会における騎兵代表馬場正郎騎兵中佐の説明）という考えがまだ多くを占めており、これですぐ戦車隊を作るまでには至らなかった。

昭和6（1931）年、満洲事変が勃発した当時は学校の業務には大なる変化はなかった。しかし、翌7年に騎兵第一、第四旅団が満洲に出動するにあたり、当時の騎兵監の強い要望によって教導隊が装甲車隊を編成し、旅団に派遣することになった。しかし、これは正式の編制としては認められず、装甲自動車班と呼称されることになった。

同年6月、騎兵第一旅団の出動時には九二式重装甲車（九二式13ミリ機関砲1、軽機関銃1）の配備が間に合わなかったので、スミダ製の簡易装甲自動車3両とビッカース・カーデンロイド軽装甲車1両で小隊を編成、これに輜重兵大尉の指揮する自動貨車（トラック）約15両からなる自動車小隊を併せ、装甲自動車班となした。

同年9月騎兵第四旅団の出動時には九二式重装甲車の配備が間に合い、その4両と前述と同様の自動車小隊をもって装甲自動車班をなした。

大正9年に戦車の研究を始めてから10年を経たここにおいて、騎兵学校は初めて機械化された実動部隊を作ったのである——この装甲自動車班は、翌昭和8（1933）年になって旅団装甲自動車隊として正式に編入され、昭和10年には九二式重装甲車（または九四式軽装甲車とも言われる）7両を配備された2個中隊と材料廠からなる騎兵集団装甲車隊に改編された。更に12年には九五式軽戦車装備の騎兵集団戦車隊へと発展した。

昭和8年3月、騎兵学校に新しく“研究部”を設け、教導隊には無線教習隊を設置すること、また教導隊で無線通信手たる兵に騎兵無線電信教育を行なうことが定められた。

昭和10年3月、教導隊に装甲自動車隊が新設され、教導隊は計5個中隊となった。なお、装甲自動車要員の教育は、前年から行なわれていた。

昭和11年5月、装甲自動車は装甲車と称するようになり、隊名も装甲車隊となった（九二式重装甲車を装備していた）。

■　大陸での戦いに

九二式重装甲車は実際に大陸で使ってみると武装が貧弱で、また重量が軽過ぎて地形の踏破性にも欠ける上に耐久性も乏しいなどと判断され、あらたな“戦車”を要望することになった。

九五式軽戦車は昭和9年末に試作車が完成し、制式化されたのは同10年だった。この戦車は装甲が最大でも12ミリの厚さしかなかったが、それでも九二式重装甲車の倍であり、速度・航続力、そして攻撃力（37ミリ戦車砲）も、これを上回る性能があったため、騎兵側にも採用された。

昭和12（1937）年、騎兵学校と騎兵集団の装甲車隊は、共に戦車隊と名称が変り、九五式軽戦車を装備することになった。この戦車は騎兵（捜索隊）の主体として終戦まで活躍することになる。

昭利12年7月、支那事変（日中戦争）が勃発し、騎兵学校は出動部隊のために、初級将校——特に幹部候補生出身将校——の大量速成教育を担当しなければならなくなった。それは新設または改編された捜索隊の初級将校を充足するためだった。

伝統ある馬術教育はここで優先度が急落して中止され、遂に終戦まで復活することはなかった。そして同年9月に甲種、乙種学生の教育は中止され、教育の主体を丙種学生に絞ることになった。その上、教育期間を　射撃学生は約1ヵ月、通信学生は約2ヵ月、装甲車学生は約4ヵ月にとそれぞれ短縮して教育回数を増加させた。

昭和13年から騎兵科甲種幹部候補生の教育を騎兵学校で行なうことになり、同年8月に豊橋教導学校騎兵学生隊の人馬を騎兵学校に移し、幹部候補生隊を設立した。幹部候補生隊の教育は、戦時下における学校の重要な任務となり、終戦まで続いた。

師団捜索隊は昭和12年に1隊、13年に6隊でき、14年以後は捜索聯隊（連隊）として更に多くが編成されていった。これらの基幹人員養成のため、臨時の学生教育が次々と行なわれた。13年9月から14年2月の間に行なわれた臨時教育学生は、騎兵中隊長要員、戦車中隊長要員、戦車要員（将校・下士官）、通信要員（将校乙下士官）、機関銃要員（将校）を養成するためのものであった。

昭和14年8月、学校条例の一部が改正され、丙種学生の修業課目中に化学戦および戦車が加えられた。これによって戦車装甲車学生の中から若干名を選抜して、更に概ね半年間在学させ、戦車・装甲車に関する学術を修習させることとされた。また、新たに丁種学生を設け騎兵科下士官をこれに充て、通信または戦車および装甲車に関する学術を修習させることが定められた。いずれも戦車・装甲車に関するもので、これらの教育に重点を置く方針が打ち出されたことになる。

昭和15（1940）年9月には教導隊の改編が行なわれ、乗馬中隊・自動車隊・装甲車隊・戦車隊・速射砲隊・通信隊・材料廠へと組織が変更された。乗馬中隊の名は残っていたが馬術教育は既に12年に廃止されており、残るは機械化部隊の教育であることは明白であった。

■　戦車兵教育の更なる強化

昭和16年4月、兵科の区分が撤廃され、騎兵科は機甲兵種になった。しかし騎兵学校という名称は騎兵聯隊という部隊名と共に存続した。騎兵監部は廃止され、新たに陸軍機甲本部が設けられた。騎兵学校は戦車学校と並んで機甲本部長の隷下に入った。

騎兵の機甲科移転にあたり、学校の条例は変更されることなく、捜索部隊、軽戦車部隊にとって必要な教育、研究を継続した。

陸軍全体における急速な“機甲化”に対応するため16年に甲種学生が復活した。だが、この時点ではまだ諸兵連合の大機甲部隊たる“戦車師団”の構想が決定していなかったので、それより小振りの“機甲旅団”を想定してその運用を研究し、教育した。

騎兵および捜索部隊の増勢に伴い、従来2個中隊だった幹部候補生隊を、乗馬・乗車、軽戦車、中戦車の3個中隊に拡張し、多数の予備役将校を養成した。

丙種学生も、戦車、装甲車学生を主体として、毎年ふえ続ける捜索聯隊の要求に応ずる教育を行なった。

この年、機甲本部長の命により、自転車ならびにオートバイをもって編成する部隊について研究し、『自動二輪車指揮の参考』を答申した。これが開戦と共に華々しい活躍をした銀輪部隊の行動の準拠となった——本書で紹介している騎兵学校で撮影された写真は昭和16年当時のものであり、欧米製のオートバイを駆った写真の兵員たちはこの研究に携わっていたものと考えられる。

12月には、騎兵学校で研究し要員の教育を行なった捜索聯隊が、マレー、ルソン、ジャワ、ビルマの各戦場で目覚しい働き振りを示した。

昭和17（1942）年、南方戦線の拡大に伴い、従来主として対ソ戦を念頭に研究が進められていた騎兵および機甲捜索部隊の研究が、南方戦場の実状に即する小機甲部隊の指揮・行動に向けられ、これが各学生の教育にも反映された。

また、この年6月には機甲軍司令部が、9月には戦車師団が編成されたので、その前から機甲本部長指導のもとに機甲大部隊の研究が進められ、騎兵学校は主として戦車師団捜索隊の編成運用の研究を行ない、学生の教育にもこれが採り入れられた。

従来、戦車兵は歩兵出身者によって占められていたが、兵科の区分が撤廃されてからは、歩兵出身者と騎兵出身者の交流が行なわれ、騎兵出身者も他の学校の要職に就き、また戦車聯隊長に任ぜられた者もあり、騎兵から多くの人材が機甲関係の要職に就いた。その一方で騎兵学校にも歩兵出身の将校が来るようになった。この年、教導隊の乗馬中隊は乗車中隊に変った。

■ 戦局に応じて

昭和18（1943）年に入ると、南方戦線は攻守全く処を変え、従来殆んど研究されていなかった島嶼防禦の巧拙が戦局を左右する状況となった。このような戦場では機甲大部隊の運用される余地はなく、騎兵出身者が得意とする捜索聯隊のような機甲小部隊が活躍すると考えられた。そこで学校では、そのような戦局に応ずる研究を行ない学校教育にもこれを採り入れた。

昭和19年3月、前年からの研究成果を取りまとめ『島嶼防禦の参考』という訓練資料を作り、騎兵および捜索聯隊長の集合教育を行なって普及徹底をはかった。更に、対米戦闘の主体は対戦車戦闘であるという認識のもとに、教導隊に各種部隊を特っているという特色を生かし、実兵による運用研究を盛んに行なった。これ等は、異種対抗方式（戦車を基幹とする部隊対、歩兵を基幹とする部隊等）によるものであって、騎兵学校独特の研究方式と言われた。研究成果は直ちに学生や幹部候補生の教育に採り入れるとともに、実戦部隊に対する普及にも努めた。

7月になって、更に規模を拡大し歩兵大隊対戦車聯隊の研究演習を計画しているとき、突如、軍令陸甲第76号により学校に動員が下令された。

この動員は、機甲関係の各実施学校の教導隊を集めて戦車第四師団を編成し、本土決戦に備えようとするものだった。騎兵学校では、教導隊長佐伯静夫大佐が聯隊長となり、戦車第二九聯隊を編成した——動員直後の編制は詳かでないが、翌20年4月に編成改正があり、終戦時には一式中戦車2個中隊計20両、三式中戦車2個中隊計20両、一式10センチ自走砲1個中隊6門、作業中隊、整備中隊の陣容であったという。

この動員によって一時教導隊が欠けることになったが、翌20年3月、徒歩2個中隊の教導隊が復活した。そのときの学校の編制は、本部・教育部・教導隊・幹部候補生隊・材料廠で、354名の幹部候補生を含め1,016名。馬は幹部候補生隊にだけ残っていた。幹部候補生隊は4個中隊より成り、3個中隊が戦車および自動車、1個中隊が乗馬だった。本土決戦のための大動員により将校の不足が著しく、幹部候補生教育が騎兵学校の主たる業務となった。

当時、千葉の戦車学校と騎兵学校では、殆んど同じような教育をしていたので、全国を東西に分け、騎兵学校は中部以西の戦車、自動車の教育を行なうことになり、兵庫県の青野原に移駐することとされた（幹部候補生の乗馬中隊は習志野に残ることになった）。

校長以下学校本部が習志野を後にしたのは8月8日だった。その一週間後、青野原で幹部候補生の教育を実施中に終戦を迎え、騎兵学校の歴史は名実ともに終った。

Yoshiyuki Takani

Yoshikatsu Tomioka

高荷義之 × 富岡吉勝 流

写真観賞術のススメ

イラストレーター高荷義之。プラスチックモデルのボックスアートにおける第一人者であり、ごく最近も九七式中戦車を描いたばかりだ。群馬県前橋市にある高荷邸を、模型設計者でモデルカステン代表の富岡吉勝が訪れた。本書収録写真を子細に分析し、その見どころ目の付けどころを存分に語り合うためである。富岡は第二次大戦AFV(装甲戦闘車両)研究の泰斗であり、超絶的な精密図面で知られる。聞き手は北川誠司。北川はお二人に見出され信頼されている気鋭の日本軍戦車研究家である。

◎北川は平凡社刊『戦争のグラフィズム――FRONTを作った人々』をはじめ、グリーンアロー刊『機械化部隊の主力戦車』、文林堂刊『九七式中戦車写真集』など多数の文献を持参した。話はまず『戦争のグラフィズム』を見ながら始まった。

北川　こちらでいろいろお話が聞けるということで、こんな資料を持ってまいりました。

富岡　いやあ、すごいすごい。

高荷　へええ、その本はいつごろ発売されたんですか。

北川　だいたい10年ほど前です。

富岡　へえ、10年か。

高荷　実物の『フロント』は“海軍の号”を2冊持ってるんだけどね。

北川　大きい本ですよね、復刻版を見ましたけど。

富岡　探したんだ？　素晴らしい。

北川　買うと高いんですよ、程度によりますけど、だいたい10万円か10万台のなかばくらいしますね。

高荷　それじゃあ売ってても買えない。

北川　そうですよねえ。高価なんですよ、いくら内容が良くても。

高荷　へえ、戦車のこういう号があったんだ？　知らなかったなあ。ふううん。不思議なんだけどさ、外国で出すときには大砲でもなんでも修正してなくて、日本人に見せるときにはもうエアブラシの修正だらけでね。

北川　そうですねえ。

高荷　(ページをめくりながら)うん、この“海軍号”を持ってるんだ、おれ。これも持ってる。絵描きのウチの本はね、ダメなんだよ。資料として使うからね。すぐボロボロになっちゃう。

北川　なるほどね。

富岡　やっぱりね北川さんを推薦してよかった。

北川　ええと（笑）、付け焼き刃ですけど、ちょっとだけ勉強してまいりました。

高荷　いやあ、知らなかった。いま10何万になってるんじゃ、きっと図書館に配るくらいしか作らなかったんでしょうね。

北川　そうなんですよ。ぼくも図書館でなんとか探して見てきました。高価な本ですし、大きい判ですから嵩張りますしね。

高荷　うんうん。

北川　ちょっと普通の人が買う本じゃないですよね。高いお金出してね。

◎ここで編集がオリジナルプリントを収めたファイルを取り出す。

――　それで、これが菊池さんの写真でして。

高荷　はいはいはい。うわあ、全部焼いて持ってきてくれたわけ？

――　はい、全部で300枚ほどあります。いままで紙焼きになっていなかったカットも、この本のために新しく焼いていただいて。

高荷　ほんとに？　そりゃあすごいや。

――　撮影場所とかはこれまでの本に載ったのと変わらないんですけども。

高荷　これ、全体で何枚くらい使おうと思ってるんですか。

――　もう出し惜しみせず、全部使おうと思ってます。

高荷　ああ、なるほど。それはいいなあ。ただ、戦車が集団で走っているような内地の千葉戦車学校なんてさ、あれは少し整理したほうがいいような気がしないでもないけどね。

――　そこはまあレイアウトで工夫してですね……。ただ、連続で見ていくことで、なにか見えてくるだろうというのもありまして。

高荷　うんうんうん。その通りその通り。

――　千葉の戦車学校と習志野騎兵学校でまず一冊、満州と代々木と銀座でもう一冊にしようと思ってるんですよ。

高荷　なるほど。あっ上下二巻にしちゃうわけ？　それはいい。いいですねえ。

◎ここで高荷画伯は本気モードに突入、姿勢を正してから写真に向かう。

高荷　おじいさんはね、眼鏡をかけないと、せっかくの写真がよく見えないんだよ（笑）。

――　個々の写真の解説文はですね、北川さんにお願いするとして……。

高荷　うんうんうん。

――　お二人に語っていただいた部分を別にまとめようと思ってるんですけど。

高荷　うん。あの、……ろくな話はできないですよ（笑）。

富岡　えへへへ。そうだね。

――　いきなりそう言われてしまうとこの企画の意味が……。

◎一同、真剣に写真に見入ってしまう。しばらく写真をめくる音のみが続く。

千葉戦車学校の“合成”写真

高荷　この写真（E467）を最初に見たときさあ。あれだいね、合成写真だと思ってた。

E467 (p.39)

富岡　そうですよね。みんなそう思ってたんですよ。

高荷　だからね、車体マークの数字がダブっているのがないかと思って一所懸命探してさあ。

富岡　あっははは。そうですそうです。

高荷　このへんの写真は『丸』かなにかで昔よく使ってたんだよね。

北川　合成写真になったのは上半分が合成で、下がホンモノなんだそうですよ。

富岡　うん、そうそう。指揮戦車がね、どれも同じように写ってるんだよね。それでこれは合成なのかなって。

高荷　そうそうそう。

高荷　この写真（E515）さあ、結局これなんかにしてみても、普通は写真として見事なやつをみんな使いたがるのね。

富岡　ああ、なるほどね。でも、われわれは見

E515 (p.71)

E503 (p.6–7)

るところが違うから。

高荷　うん。見るところが違う。これなんかとてもいいじゃない。マフラーカバーの網目までわかるし。

北川　はいはい。

高荷　ね。でも普通はいかにも勇ましい、こっち（E503）を使っちゃうんだよ。

富岡　写真としてはとても素晴らしいけど、情報としてはありきたりですよね。

高荷　この“千葉戦車学校”っていうのは機甲整備学校なの？

富岡　いやいや、そのへんは北川さんが。

北川　ちょっと違うと思いますね、はい。整備学校とはまた違う学校です。

E481 (p.48–49)

高荷　この（E481の砲塔の）“せ”っていうのが整備学校っていうのをちょっと憶えていたけどね。“き”が機甲学校だっていう。これ、“せ”も“き”も一緒に写ってるからさあ。

富岡　それは生徒隊とか……。

高荷　ああ！　そうかそうか。

北川　“生徒隊”と“教導隊”。はい、そのはずです。

高荷　ああ～そうか。“せ”が生徒隊で、“き”が教導隊ね、なるほどなるほど。

北川　機甲整備学校は都内にあったはずですよね、東京都内に。世田谷でしたっけ、詳しくは忘れましたけど。

防盾と砲架の隙間の微妙なカタチ

富岡　高荷先生と、この写真（E546）を見たとき。あれですよね、ここの形が真っすぐなやつと、カーブしてるのがあるってね。

高荷　そう、カーブしてるやつがあるんだよ。それで、角いのがこれこれ（E552）。

富岡　二種類あるんだっていう話をして。

高荷　おそらくね、砲を外すときに、ちょっと捩じるんだろうね。

富岡　ああ、砲架から砲身を抜くとき。

高荷　がっちり固めてあるから、ここに隙間がないと砲が外れないんだと思うよ。

北川　ああ、なるほど。

高荷　少しこう持ち上げて、捩じって前へ出すんだと思うよ。

富岡　そういう（笑）、そういう細かいところしか見てないんだ、われわれは。

一同　わははは。

E546 (p.88)

E552 (p.88)

高荷　いやあ、これはいい写真だ。その砲架のところの隙間っていうのはアールの付いてるほうが多いんだねえ（E444）。ここに出てる集団のは全部……

富岡　あれですか、段のないほうで。

高荷　……なだらかなやつで。だから、四角くて、かくかくってなってるやつが特殊なんだろうね、きっと。

富岡　うん。そうなんでしょうね。

高荷　こんなに沢山あって、この重なってるのの殆どがなだらかなカーブになってる。

富岡　はい。

高荷　このコイツ（E540）だけが違ってる。そうじゃない？　それにしても日本の戦車の集団写真なんてあんまり見たことねぇから……。

富岡　そうですね。はは。

高荷　日本にもこんなにあったのかって。だけどよく数えてみるとさ、一個連隊くらいしかないんだよね、うん。

富岡　そうなんですよね、そうそう。

高荷　マレーでヤシの木倒してる写真くらいしか見たことないから。もう、3両以上あると、たくさん、たくさんの戦車がいるって……。

富岡　一個中隊もいると、すごくいっぱいいるように、パッと見たときはね、そう思いますよね。

高荷　だから、さっきの『丸』の合成写真なんかを見たときには、もう肝を潰したもん。「おお、こおんなに戦車があるよ」って。

E444 (p.18–19)

E540 (p.84)

車長用パノラマ潜望鏡の謎

高荷　このへん（E544の車長ハッチ付近を指して）の資料は北川さんもってない？

北川　そこらへんですか、う～ん。ここの写真、ほんとにないですよねえ。

高荷　大研究してるとこなんだ。大研究を。

北川　ちょっと探しておきます。それを使って外を見ていたという話はほとんど聞かないですよね。どうやってたんでしょうね。

高荷　たいてい覘視孔から覗くって書いてあるやぃねえ。

北川　ええ。せっかくこれを付けているっていうのにね。きっとこれ高価だったと思うんですよ、凝った光学兵器で、ねえ。

E544 (p.86)

◎資料ファイルが登場。そこにはハッチのドームの下に装備される回転式潜望鏡の図面が掲載されていた。

高荷　思うに恐らく、これを使うんじゃないかと思ってるんだいね。

北川　ほおほおほお、ほお。

高荷　だって形状から言ってそうだろ？　こういうふうに上が丸くなっててね。

富岡　そうですね。

北川　へえぇ～。こんな図があったんですか。

高荷　うん。で、これで動かしたら大変だから、このすごいレバーを使って、ここごと動かすんだと思うんだよ。

北川　二式戦車用潜望鏡？

高荷　だって他にないでしょう。それが使えそうなところは。見るからに九七式中戦車のハッチに使えそうなやつだよ。

北川　はあ。これはちなみにどこから？

高荷　ええと、なんだったっけかな。昔の『モデルアート』かな。

北川　ああ、そうですか。あ、ここに書いてある。確かにモデルアートですねえ。

高荷　いや、これでしか見たことねぇんだよ。不思議なもんだよね。わかんねぇんだよ。おれも執念深いからね、何だろうと思うとね。けっこう気になってしようがない。

富岡　疑問に思えば、いつまでもそりゃあこだわりますよ。

北川　えへへへ。

富岡　ペリスコープみたいなのを付けられるようになってるのは"チハ"だけだもんね。

北川　そうですね。で、硫黄島にあった（九七式中戦車）のは、ドームをもう外していて。

富岡　外してますね。

北川　開口部を蓋で塞いでますね。

高荷　これコピーして持ってく？

北川　ああ、ありがとうございます。これはちょっとあまり見たことがないです。

カラオケ軍歌の薦め（長い前フリ）

富岡　北川さん。話は飛ぶけど、これの映画見たことあります？　これが燃えてるの。

北川　ないです。見たことないです。

富岡　CS放送でやってた歴史物で、たまたま気付いて見るとはなしに見てたら、煙が出てるんです、戦車のここから。「ええっ?!」て感じだった。すぐ場面が変わっちゃったけど。

北川　ほお～。そんなのあるんですねえ。

富岡　16ミリで撮ってるんですよ。

北川　白黒ですよね？

富岡　もちろん。白黒です。

高荷　この間ね、たった500円の投資だからと思ってね、『太平洋戦争の……』なんとかっていうDVDを買ってきたんだ。で、見てたらね、サイパン島だか硫黄島だかの……めっちゃくちゃな編集なんで、解説とは全然違うところの場面なんだけれども……。

富岡　それはもう。持ってるフィルムを全部つなぎ合わせちゃってるんで。

高荷　そう。だけど、それにペリリュー島の日本戦車がずいぶん出てきたね。

富岡　十四師団戦車隊？

高荷　うん。「あら、こらあ中隊長のクルマだよ」って思ってさ。"サクラ"なんてマーク描いた戦車が燃えててね。

北川　ペリリューですか。へえぇ。

高荷　第十四師団てのは、郷土師団だからね。ここの群馬県の部隊なんで。それで思い入れが強いんだ。

北川　あぁ、なるほど。

富岡　あそこの戦車は火焔放射器でやられて、みんな真っ黒焦げになっちゃってるんだ。

北川　ああいう安物DVD……安物って言っちゃいけませんか、時たま面白いのが写ってますよね。

富岡　やっぱりマメに見てないとだめだね。

北川　カラオケの軍歌のやつ、ご覧になったことあります？

富岡　シンガポールの入城のときの戦車隊の？

　あれは何種類かあるんだけど、戦車がちゃんと写ってるのがあるんですよね。

高荷　へえぇ～。

北川　57ミリ砲が複座するんですよ。バァンと撃って、それがちゃんと写ってるんですよ。あれにはびっくりしました。発射した瞬間にちゃあんと後座してガーンと戻るんですよ。

高荷　へえ。そんな映像があるの？

富岡　見たことあります。

北川　そうでしょ。あれ面白いなあと思って。

富岡　『戦友の遺骨を抱いて』って歌で、「シンガポールの街の〜♪」っていう。あれのカラオケでちゃんとシンガポール入城の戦車隊のフィルムが写るのがあるんですよね。
北川　ええ〜っ??(笑)
富岡　遺骨をこうやって抱いててね。そのニュースフィルムをそのまま使ってるのが。
北川　ほおぉ。

ここで本題。砲と防盾の色は？

富岡　あれで見るとね、みんな防盾のところが黒く写ってるんですよね。防盾のところだけが。あれは何なんだろう。
高荷　あれはね、ファインモールドの鈴木社長に言わせると、“黒染め”になってるというんだけどね。おれ、どうしても納得できないんだよ。あそこはね、恐らく油まみれになってるんじゃねぇかと思うんだよ。
富岡　砲を外して手入れするもんで。
高荷　うん。とにかくあそこンところはスムースに動かないと困るんでね。
富岡　この写真(E545)で見てもここだけやっぱり黒っぽく写ってますよね。

E545 (p.87)

高荷　黒染めっていうんじゃないと思うよ。油だと思うんだ。ファインモールドの組立説明書には「黒染めになってるんで、黒く塗れ」って書いてあるんだけどね(笑)。
富岡　あははは。
高荷　黒染めのはずじゃあない。ただ、目立たせないっていう意味で黒っぽい色で塗りなさいっていうことはあるんだけど。う〜ん、なるほどそこは暗い色を塗ってあることは塗ってある。だけど“ファイン”の伝でいくと、大砲まで黒染めになってるっていうことになっちゃうよ、これで見ると。
――　そうですよね。駐退器のあたりまで全部同じ色になってます。
高荷　たぶん焦げ茶色に塗ってあったはずなんだよ。とくに、そういうふうに反射するのは、恐らく、のべつ油を塗ってるんだと思うよ。
――　機銃のほうもそうですよね。
富岡　黒いよね。それとボールマウント……。
高荷　機銃は黒なんだよ。あ、ボールマウントか、うん。あそここそよく動かなくちゃ困るから、のべつ油を塗ってたんじゃねぇかと思うんだ。
富岡　ジンバル式砲架とかそういうのは、みんな油を切らしちゃダメなんだ？
高荷　だめなんだよ。と、思うよ。ただしグリースみたいな硬いのは塗らないんじゃないかと思うんだ、動かなくなっちゃうからね。ベトベトして。
北川　なるほど。
高荷　ドロが貼り付いてね。
――　これ(E455)なんか見ても服が油まみれですよね。
高荷　油だね〜。だって機関銃に常に油を注すなんて。……油壷の付いてる機関銃作ったのなんて、世界中探したって日本だけだもん。
一同　あははは。
高荷　あれは理論的には正しいのかもしれないんだけど、実用には向かないんだろうね。あんなの満州で使ったら、埃が喜んで付いてくるよ。ホコリの団子になっちゃうはずだよ。
富岡　はいはい。
――　この写真を見たときに、ドイツ戦車兵の服が黒いっていうのを納得しちゃったんですよね。
一同　うわははは。
富岡　服に付いた油が目立たないようにね。

E455 (p.25)

ボルトを外すと浸水する？

――　これ(E574)は川じゃないですよね。
高荷　演習場ったってただの野原だから、大

E574 (p.96)

C815 (p.112–113)

雨が降ったかなんかしたのが溜まってるだけじゃないかと思うよ。

北川　このくらいなら、まだ徒渉とか渡河いうレベルの話じゃないですよね。

高荷　戦車が川を渡ってるところなんてぇのは、戦車の徒渉が水深何センチのところまでできるかっていう話ができると思うんだいね。どこまで水に入れるかっていう、気密性っていう意味で。

――　よく70～80センチくらいまでなら大丈夫とかって書いてありますね。

高荷　ところが「絶対に川を渡る」っていうときにはきちんとボルトを締めて準備するけど、整備の都合でボルトを抜きっぱなしのクルマがあるんだってね。

北川　ほおぉ。

高荷　そうすると水が底板のところまで来るっていうと、車内に水が入ってきちゃう。そんなエピソードも読んだ憶えがあるよ。

北川　そんなこともあるんですねえ。

高荷　通常何センチまで耐えられるはず、だから、これくらいのはなんでもないだろう。ということは書けると思うんだ。まあ、そういうのはデータっていうより、ああそうかこの戦車はここまでは大丈夫なのかっていう。そういう話もできると思うんだいね。

北川　なるほどなるほど。そうですねえ。

試作砲戦車が２両も写ってた

富岡　昭和16年なんだ、これ。へえぇ。

高荷　どれが？

富岡　いやこの、二式砲戦車の試作車が。本当なんですかね。昭和16年だなんて。

北川　一式自走砲の試作型が後ろに写ってるでしょ。

富岡　ええ、ええ。

北川　それが試作であれば、日付的にはなんか、合う気がしますね。もっとたくさん写真があればいいんですけど。その写真（C815）、拡大したいんですけどね。

富岡　あははは。

――　防盾が小さくて、窓があるのだけは分かりますけどね。

北川　う～ん。そうそう。でも、その車両だけが写っている写真はないんだよね。

高荷　（写真の日付を見て）ほんとだ。昭和16年かあ、これ。

富岡　草の丈が高いから、冬じゃないですよね。昭和、16年の秋か……。

北川　そうですね、秋あたりでしょうねえ。

富岡　ねえ。ああ、やっぱりそうだ。そうすると、この試作車はそのときにはもうあったんだから……（資料を調べて）……昭和16年4月1日に試作車が完成したって。日立製作所が1両だけって、これしか当てはまらないですね。

北川　そうですねえ。

富岡　二式砲戦車は17年だもんねぇ、三菱で17年完成って。

C811 (p.110)

富岡　これねぇ、前がもっと広いような気がするんだよね、砲塔前面のここの幅が。これで見たってさ（とファインモールドの二式砲戦車を取り出す）、写真と印象が違うよね。

——　はい。

富岡　防盾の外枠に砲耳が出てるでしょ。その外側にも前面板があるから、このキットで言えばこのへんまでくるはずなんだよ。

——　このあいだ（ファインモールドの）鈴木社長に聞きましたけど、これ二式砲戦車とは全然別ものだそうですよ。

富岡　あっ別かあ。よく見れば全然違うね。

——　砲塔の上も膨らんでるじゃないですか。

高荷　うん、別の車体のほうなんだよ。こっちのほうは、どっちかっていうと後でできたやつだよね。

——　模型出したいんだけど、これしか写真がないから設計できないって悔しがってましたよ。

北川　これは意識して特別に追いかけて写したんじゃないんでしょうね。

高荷　だからあれだよ。ほかのチハ車より大きくって迫力があるのが、たまたまファインダーに入って来たから撮ろうって思っただけのことなんだと思うよ。

富岡　訓練の流れのなかで撮っただけなんでしょうね。

高荷　陸軍がわざわざカメラマンに「これは新型なんだから忘れず撮ってけ」つって教えるわけねぇんだから。

——　撮るほうはマニアじゃないですもんね。もしそうなら、もっと撮ってますよね。

高荷　カメラアングルしか考えてなかったんだと思うよ。だから、撮られて70年近くも経ってからファインモールドの鈴木くんが悔しがるわけだよ。

富岡　えへへ。

高荷　それを考えるだけでも楽しいよ。

『日本の戦車』の図面のこと

◎高荷さんの資料ファイルが出てくる。

北川　それ拝見していいですか。

高荷　どうぞどうぞ。これはね、みんな市販のやつから切り抜いてファイルしたものだから、特別の写真は何もありゃしないけど。

北川　これってあれですよね。試製一式砲の写真ですよね。

高荷　これはね『丸』が何気なく使ってたやつなんだよ。だから、竹内（昭）さんの本（出版協同社刊『日本の戦車』）のほうがあとだよ。

富岡　逆向きのがあったんですね。

北川　こっち振りのがあったんだ。

高荷　これは読者の投稿写真だったんだね。

富岡　これもね、わたしが買った『丸』に出てたんで、すぐ竹内さんに電話して。それで「こんな写真が載ってるよ」って言って。

高荷　投稿写真で、なにも投稿したやつは戦車を見せるつもりはなかったんだよ。

富岡　掲載寸法はこんな大きさなんですよね。

高荷　ちっちゃいんだよ。

富岡　写ってるこの人の記念写真なんでしょ。

高荷　自分の写真を載っけようと思って……

北川　はいはいはい。

高荷　「兵隊のときの写真ありませんか」と言われて、「おぉ、ある。これ使え」つって。ところが、そういうのにはすごい写真があるんだってね。誰も人物なんか見ないで、背景になってる兵器ばっかり見るようなさ。

一同　わははは。

◎『日本の戦車』に掲載の図面を見ながら。

富岡　そうか、これを基にして（二式砲戦車の図面を）描いたからみんな狭く描いちゃったのか。だからこれ自体がさ……。

高荷　砲塔の形状が全然違うよ。

富岡　これね、青沼さんとか青島さんがグラフ用紙にスケッチしたのを竹内さんがトレースさせたやつで、図面ぽく見える“絵”なんだよ。

——　はあ。

富岡　その人の図面は寸法的には合ってないんだ。絶対にこんなに砲塔前面の幅が狭いはずがないんだよ。写真見たってもっと広いでしょ。

——　はいはい。

富岡　どっちかっていうと、三式中戦車に近いってことだよね。

高荷　でもね、竹内さんもいいところで本を出しといてくれたぃねえ。だって、このあとしばらく経つっていうと、もう戦車に興味がなくなっちゃって。

富岡　あっはっはっは。ほんとに。

高荷　チンチン電車がいいやって。

富岡　そう、そうそう。あっちの趣味こっちの趣味にって興味が飛んじゃう人だから。

高荷　だから、若くて元気のあったころにこの日本戦車の本を出しといてほんとによかった。

E458 (p.28–29)

北川　あのう、高荷さんがおっしゃってくれたとおりで、菊池さんのいろんな『FRONT』の記録を見てると、全部出発前に「こんな写真を撮ってこい」と。

高荷　ああ、なるほど。

北川　スケッチというか、絵コンテがあったらしいです。それにはめ込むっていうか、戦車をその通りに置いてですね……。

富岡　やっぱりそんなふうにやらないと、いい写真は撮れないんだ。

北川　人にポーズをとってもらったりとか、それで撮ったんですって。だから撮ってるほうはあまり面白くなかったんですって。

富岡　あっははは。

北川　プロデューサーに言われたとおりをね、撮ったのが多いんだそうですよ。

高荷　はあぁ。

北川　うん。だからその戦車の写真も、「どの戦車のどこを撮る」じゃなくて、「こういう絵を撮ってください」「戦車はこう走ってください」とか。それをパッと撮ったって。うん。

高荷　だから訓練の写真じゃないよね、これは。ええ、先ほどの走ってくるところのなんかでも。あんなに密集隊形じゃ走れっこないんだから……。

北川　そうですそうです。

高荷　「どうぞ普段のとおりやってください」つったら、どうやって撮っても1度に1台ずつしか写らないから。

一同　あははは。

高荷　うん。「バカにしやがって。こんなに密集して走らせやがって、危なくてしょうがないじゃねぇか」なあんて言いながら、兵隊さんはぶうぶう言いながら撮らしたんだと思うよ。

黄色い分割線にギモンあり

――　これって"黄色い帯"ですよね。

高荷　これがねえ、どお〜も最近少し違うんじゃないかと思いはじめてきてるんさなぁ。この黄色い帯っていうのは、"分割"を考えて黄色の帯を入れたはずなんだけれど。

――　はい。

高荷　あんまり目立ち過ぎるんで、こんどはあれはカーキ色になったんじゃないんかなと、……ぼくは思うのね。

――　ああぁっ、やっぱり？

高荷　つまり、分割っていったって、戦車の存在をそれが暴露するようなものじゃ、かえって困るんで。恐らく、なんて言えばいいか、この当時の言葉で言えば"枯れ葉色"なんじゃないか。じゃないとね、どうも明度の説明がつかないんだよ。支那事変の頃っていうのは真っ白に写ってるでしょ。

――　ええ。

高荷　ところが、だんだんチハ車なんかの後のほうになってくるとさ、帯の幅がもっと広くなってさ。それで、こうクネクネしたやつが続いてるってのは、どうも明度の高いカーキ系統じゃないかと思うんだよ。

一同　う〜ん。

E463 (p.34–35)

高荷　そうしないって言うと、なんかおかしいんだよ。同じにフレームに何台か写ってる写真でも、明らかに黄色帯と、もっと暗いやつが同時に写ってるってのを考えると、「あの黄色い分割線ってのは疑問だぞ」と思うようになってきたね。

――　はあ。

高荷　もちろん、ないわけじゃなくて、黄色ってのは初期の頃は確実につかってたんだけど。どぉ〜も太平洋戦争中の写真を見ていると、マレー戦あたりまでは明らかにその分断線が入ってるんだけれども、後のほうになってくると違うぞと。これはフイルムの感度じゃなくて。う〜ん、そういうのがあるような気がしてならないね。

――　少なくとも、これでもし数字が白だとしたら、けっこう明度差がありますよね。だから、帯はわりと暗い色だなあと思って見てたんですけど。

富岡　鮮やかな黄色ではないですよね。

高荷　うんうん。どうも、そう思えるんだよ。ただ、フイルムの特質によって違うし、これはコダックだから分かんないけどね。

軍装品にも注目すべし

高荷　この写真（D695）なんか、とても資料性の高い写真だと思うよ。この、道具箱の形状とか、ジャッキの留め方だとかって、うん。

北川　はいはいはい。

D695 (p.151)

高荷　こういうの見ると、オートバイのクリアなやつをどうしても選びそうなんだけど、おれはこっちほうがいいなあ。
一同　えへへへへ。
高荷　これ（D703）なんかでもね、無線機がこんだけよく写ってるっていうほうが。

D703 (p.158)

――　これは前に本を作った人が使ってなかったみたいで……。
高荷　使ってない使ってない。要するに普通は輪っぱ（タイヤ）が見えるほうがいいんだよ。だけどこっちは兵隊とかね、個人装備も知りたいんだからさ。
――　なので、後でネガから焼いていただいたんですけどね。
高荷　ああ～そうか！　なるほど。いや、これはいいよ。軍装品マニアにはこっちのほうがいい。
――　そうですね。一人が軽機でもうひとりが無線機ってなってるんですね。

D700 (p.156)

D688 (p.152–153)

高荷　うん。こういうのを使わねえっていうのは困っちゃうよね。こういうのがいいよ、とてもね。だから、この横から撮ったの（D700）なんて、つまんない事務写真って思うけど、軍装品マニアにはなかなかいい。
一同　わははは。
高荷　普通はね、こっち（D688）を使っちゃうからね、みんな。
――　たぶんですね、舌出しちゃってるんでボツになった写真だと思うんですけど。
高荷　ああ～。別にいいよ（笑）。ベロなんて見ないんだから。
一同　あははは。
――　またオートバイが“ノートン”っていう外車なんですよ。
高荷　そうなの？　へえぇ。
富岡　ノートンっていうとイギリス車だ。
高荷　ああほんとだ。昭和16年か、まだその頃だったら米英開戦前だから、外車があるんだろうなあ。

D706 (p.159)

九七式軽装甲車と九五式軽戦車

高荷　もっと沢山、この“九七軽装甲”は写真があるのかと思ったら、意外とないんだね。
――　そうですねえ。
北川　結局『FRONT』の雑誌で使われてる写真はですねえ、なんでこんなに変な写真を使うのかなあって……、ここらへんのね、どれやったかなあ、この泥だらけの九五式のこのへんをカットした、こんな写真（D766）を使ってるんです、ブワンとね。
高荷　なに？　どんな意味があるんだろうなぁ。
北川　わからんのですわ。あは、ほんとに。なんでこんな泥だらけの転輪いうて……、なんか力強さを象徴してるのか、してないのかわかりませんけどね。
高荷　ああ。
富岡　でも、ドイツ週間ニュースでも足まわりがガラガラガラ動いてるのが……
――　そればっかりのシーンがありますよね。
北川　ふむふむ。ありますねえ。
――　いかにも動いてるっていう“躍動感”はあるんですけどね。
富岡　でも、もっと勇ましいのがいっぱいありますもんね。
北川　う～ん、そう。なんでこれ（D766）をわざわざ選ぶんかなという。わからんですねえ。

D766 (p.161)

――　そこが前衛と言われた『FRONT』のフロントたる部分かも……。
北川　かもしれませんね。あの“落下傘”号とか見たら、すごいきれいなんですよ。本っ当にきれいなんですよ、構成のバランスとかがね。
――　見てみたいですね。
北川　写真と色んな言葉が書いてあるところのバランスが、すごいきれいに組んであるからねえ。そういう意味では兵器をきれいに見せるとかね、あんまりそんな意図はないんでしょうね。“絵”としての面白さとか、そこらへんを追いかけてる雑誌なんでしょうね、『FRONT』っていうのは。
富岡　うんうん。
――　たしかにこれ、絵コンテがあって撮ってたと言われると納得しますね。
北川　きれい過ぎるでしょう。
――　ですね。でも流し撮りはあんまり得意じゃないみたいですね。
高荷　探したんだけど、どっかいっちゃった、『FRONT』が。さっそくおれも群馬県立図書館に行ってみよ。

一同　あはははは。

高荷　もしかしたら置いてあるかもしれない。

北川　あるかもしれませんね。わけのわからないビルマ語とか、すごい字が書いてありますよ。読めないですよ、きっと。

高荷　そう。読めない。ビルマ語だ、おれの持ってるのは。

富岡　ミャンマー語？

北川　そうそう。

裏話的なものも少々

富岡　それにしても、あんまり考えなしに解説者に推薦しちゃったけど、これ解説書くの大変ですね(笑)。

北川　どうしようかなあって、いろいろ思ってるんですけどね。あの〜、写真1枚1枚に対して全部書くというのも……どうなんでしょう。まあ、無駄とは言いませんけど、ねえ。

富岡　こじつけで書くよりもね。だからひとつ書いて、あとは続きで番号にして、「以下の写真は」って形にしちゃうとかね。そういうふうにやらないと、いらんことをだらだら書くようになっちゃうから。

北川　ええ。あの美術館の図録なんかでありますよね。最初に写真だけが並んでて、後ろの方に解説だけまとまってるとか……。う〜ん。この写真の順番は完全に復元できるんですか？　ベタ焼きを見たら。

——　いまとりあえず並べてあるのは単純にナンバー順なんですよ。ただ今のフィルムと違って、ナンバーが後から振ってあるんですね。

北川　ほぉほぉほぉ。そうなんですか。

——　手書きなんですよね。なので、必ずしも順番どおりではなさそうで……。

富岡　ふ〜ん。それでなんだか辻褄が合わないところがでてくるんだ。

高荷　映画のフイルムかしら、そうすると。

——　それを切って詰めてるのかもしれませんね。長いフィルムで買って、それを……。

富岡　充分それは考えられるね。

高荷　だからナンバーがないっていうのは、そうだと思うんだよ。あの、ロールでね。

富岡　ええ。長尺のマガジンで250枚撮れるのがあって。昔、自分で写真をやってたからわかります。

高荷　ロールってのは、けっこうあったみたいだね。100フィートの缶入りで36枚撮りが18本だか20本くらい取れたと思うんだよ。

富岡　そうそう。フィルムを切ってパトローネに詰め替えるんですよ。

高荷　うん。だからコマのナンバーは現像した後から手で書くしかないんだね。

北川　なるほど、勉強になりますねえ。

高荷　あと、文章書くとき、そういう(『機械化部隊の……』)の見ないほうがいいよ。

北川　そうですか。

高荷　見ちゃうと、どうしても囚われるよ、うん。頭の中にその映像と活字が出てきてしょうがねえんだよ、おれなんかは。

北川　いやあ、おっしゃるとおりですよ。例えばこんなの(文林堂刊『九七式中戦車写真集』)、30年前の本でしょ。でも、日本の戦車の写真集なんて少ないじゃないですか。同じ本を何回も何回も見てるでしょ。

高荷　あはは。うんうん。

北川　だいたい文章が頭に入っちゃってるんですよね(笑)、ほんとに。暗記とは言いませんけどねえ。哀しいかなそれしか浮かんでこないですよ。

一同　むふふふふ。

北川　そういうふうにね、「これしかない」と後々また言うてもらえるようなやつ作らなあきませんね、今回ね。ぴったりスキっとした本を。

高荷　あれだなあ、一番感動的な写真を一枚選んで、それに対する解説をまず書いてみるのが、一番方向性がつくんじゃない？　それだと書きやすいし、書いたのを読み返してみると自然と方向性が出てくるよ。

北川　そうですね。

高荷　うん。とにかく取っ掛かりが肝心だからね。相当文章慣れてる人なら最初から順番にやるのが早いけど、おれなんかはダメだね。

——　悩んでる分っていうのは時間ばっかり過ぎちゃうんですよね。

高荷　そうそうそう。それに、最初の“ひと塊”ができると編集の意向っていうのもよく判るんだよ。「北川さんダメじゃない」とかね。

北川　むはははは。

高荷　あとは、「これこれ。これを待ってたの〜」とかってね。だから、こっちの本に出てないようなやつを一枚選んで、書いてみるといいんだよ。

北川　わかりました。京都へ帰って、がんばって書き始めます。

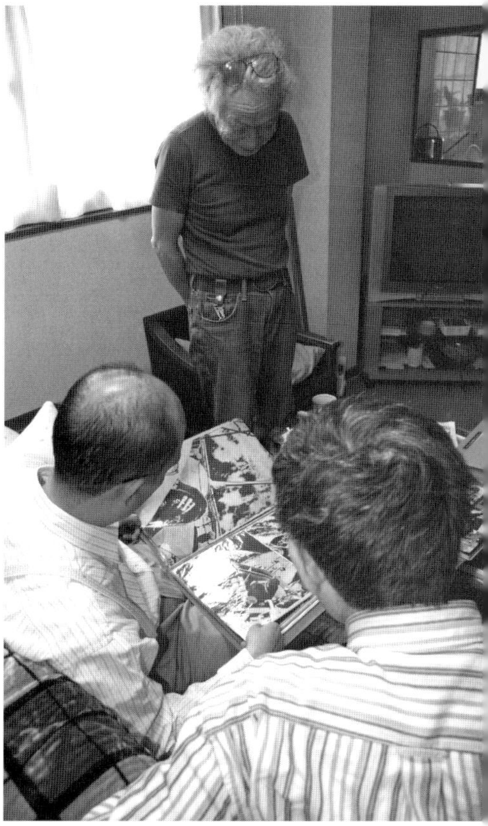

写真解説

北川誠司（きたがわ・せいじ）

昭和38年、埼玉県生まれ。昭和時代に、当時のプラモデルの新製品だった九七式中戦車と出逢い、他国のものとは異なるその複雑・繊細な造形に強く惹かれた。以降、ブランクを多々はさみつつ、そして多くの方々の御力添えを頂戴しながら旧日本陸海軍の戦車・装甲車の研究に微速前進で励む。現在、京都市在住。

参考文献

- 『FRONT』・復刻版
  平凡社
- 戦争のグラフィズム—『FRONT』を創った人々
  多川精一　平凡社ライブラリー　・
- 日本の戦車
  原乙未生、栄森伝治、竹内昭　出版協同社
- 帝国陸軍機甲部隊
  加登川幸太郎　白金書房
- 日本戦車隊戦史
  上田信　大日本絵画
- 日本の機甲六十年
  機甲会 「日本の機甲六十年」刊行会
- 機械化兵器開発史
  原 乙未生
- あゝ騎兵
  蹄跡と軌跡　萌黄会
- 手記 少年戦車兵
  若獅子会
- 機甲（各号）
  陸軍機甲本部高等官集会所
- 日本騎兵80年史——萌黄の残照——
  萌黄会 編　原書房
- 四平（公主嶺）陸軍戦車学校史
  ——満州第583部隊—— 公四会 編

日本陸軍の機甲部隊 1

鋼鉄の最精鋭部隊

千葉戦車学校・騎兵学校

写真撮影
菊池俊吉

写真解説・コラム
北川誠司

ブックデザイン
大村麻紀子

協力
菊池徳子
宮嶋茂樹
高荷義之
富岡吉勝
陸上自衛隊富士学校 機甲科部

発行日
2008年10月30日　初版第1刷

著者
菊池俊吉

発行者
小川光二

発行所
株式会社 大日本絵画
〒101-0054　東京都千代田区神田錦町1丁目7番地
Tel. 03-3294-7861（代表）
URL. http://www.kaiga.co.jp

編集人
浪江俊明

企画・編集
株式会社アートボックス
〒101-0054　東京都千代田区神田錦町1丁目7番地
錦町1丁目ビル4F
Tel. 03-6820-7000（代表）　Fax. 03-5281-8467
URL. http://www.modelkasten.com/

印刷・製本
東京書籍印刷株式会社

Publisher/ DAINIPPON KAIGA Co.,Ltd. Nishiki-cho 1-chome Bldg.,
Kanda Nishiki-cho 1-7, Chiyoda-ku Tokyo（Zip; 101-0054）Japan
Phone 81-3-3294-7861 URL. http://www.kaiga.co.jp.
Editor/ ARTBOX Co.,Ltd. Nishiki-cho 1-chome Bldg., 4th Floor,
Kanda Nishiki-cho 1-7, Chiyoda-ku Tokyo（Zip; 101-0054）Japan
Phone 81-3-6820-7000 URL. http://www.modelkasten.com/

ISBN978-4-499-22970-8 C0076